食品微生物检验技术

主　编　卫晓英　林　洁

副主编　李志民　吴海鸣　赵晓庆

　　　　潘　阳　韩俊俊

参　编　李春辉　刘文娟　宋　燕

　　　　李　燕　张馨予　田云龙

　　　　钟　响　张文莹　武香玉

北京理工大学出版社

BEIJING INSTITUTE OF TECHNOLOGY PRESS

内容提要

本教材围绕食品岗位职业能力培养目标，以检验岗位的需求为引导，以典型的微生物检验项目为基础，以工作任务为组织形式，将理论知识融入工作任务，按照项目化教学体系编写而成。本教材内容涵盖食品微生物检验岗前培训、微生物的观察、微生物的培养和微生物的检验四大项目。每个项目以实践任务开篇，引导学生思考分析解决此项目需要完成的任务，每个任务包括任务描述、任务目标、任务实施、实施报告、任务评价、知识链接、能力进阶，同时，将安全贴士和素养提升穿插其中。在完成整个任务的学习后设有考核评价任务，整体考核学生的知识和技能水平。

本教材可作为高等职业院校食品、药品、农产品、生物等相关专业教学用书，也可供中等职业院校相关专业使用，还可作为微生物检验人员、产品质量控制人员、发酵生产人员及农产品食品检验员、1+X相关证书的培训参考教材。

图书在版编目（CIP）数据

食品微生物检验技术 / 卫晓英，林洁主编 .-- 北京 :
北京理工大学出版社，2025.1.
ISBN 978-7-5763-4956-6

Ⅰ. TS207.4

中国国家版本馆 CIP 数据核字第 2025HT0269 号

责任编辑：芈　岚　　**文案编辑**：芈　岚
责任校对：周瑞红　　**责任印制**：王美丽

出版发行 / 北京理工大学出版社有限责任公司
社　　址 / 北京市丰台区四合庄路 6 号
邮　　编 / 100070
电　　话 /（010）68914026（教材售后服务热线）
（010）63726648（课件资源服务热线）
网　　址 / http：//www.bitpress.com.cn

版 印 次 / 2025 年 1 月第 1 版第 1 次印刷
印　　刷 / 天津旭非印刷有限公司
开　　本 / 787 mm × 1092 mm　1/16
印　　张 / 13
字　　数 / 266 千字
定　　价 / 88.00 元

前言

食品安全是关系人类健康和社会稳定的重要问题，而微生物是引起食品腐败变质的主要因素之一，也是引发食源性疾病的主要原因，因此，对食品中的微生物进行检验是保障食品安全的重要手段。本教材以习近平新时代中国特色社会主义思想为指导，贯彻落实党的二十大精神，按照食品类专业岗位对人才培养目标规格及微生物课程要求，在不断总结课程建设和改革经验的基础上，校企共同编写而成。

本教材融入了二十大报告中倡导的劳动精神、奋斗精神、奉献精神、创造精神及勤俭节约精神等核心要素，同时紧密结合职业资格标准、食品安全国家标准，融合食品安全与质量检测大赛的先进理念，旨在对接食品行业现状与发展趋势，培养高素质技术技能人才。本教材特点有：

1. 注重价值塑造

围绕项目任务设计素养提升数字化课程思政内容，使之贯穿于任务全过程，通过国家政策、科学家故事、文化瑰宝、技术前沿、探索创新等内容培养家国情怀，树立文化自信，发扬严谨专注、精益求精的工匠精神，增强勇于创新、甘于奉献的科学精神，深刻理解微生物检验的重要性，提升社会责任感。

2. 突出问题引导

本教材以职业能力为培养目标，以典型的微生物检验项目为基础，以工作任务为组织形式，按照项目化教学体系编写，包括食品微生物检验岗前培训、微生物的观察、微生物的培养和微生物的检验四大项目。每个项目以实践任务开篇，引导学生思考分析解决此检验项目需要完成的任务，并由此设立系列子任务，犹如闯关游戏，激发学生的好奇心和学习兴趣。在完成整个任务的学习后设有考核评价任务，整体考核学生的知识和技能水平，包括考核任务、考核要求、考核实施和考核评价。

3. 严格检验标准

微生物检验是一项要求严谨的检验工作，必须以国家标准和相关规定作为检验依据，严格按程序进行操作，其检验结果直接决定了产品的合格与否。在学习过程中，增强学生的国标意识，意识到国标的权威性和重要性，同时强化标准操作，提升技能操作水平。

4. 教学资源丰富

教材建设过程中吸纳了行业、企业人员智慧，共同梳理典型工作任务，体现行业检测新技术，培养学生综合职业素养。本书采用活页式，方便新技术和新规范的更新，有助于教师个性化教学。本书配有微课视频、虚拟仿真、评价习题等相关学习资源，信息丰富、形式灵活，有助于学生自学理解和知识回溯，提高学习的主动性和积极性，实现自主学习和差异化教学。

本教材由山东商务职业学院卫晓英、林洁任主编，邯郸职业技术学院李志民、山东商务职业学院吴海鸣、山东轻工职业学院赵晓庆、安徽粮食工程职业学院潘阳、晋中职业技术学院韩俊俊任副主编。模块一由卫晓英、韩俊俊编写，模块二由潘阳、吴海鸣编写，模块三由李志民、赵晓庆编写，模块四由林洁、卫晓英编写，本书涉及的微课视频由卫晓英、林洁、烟台市疾病预防控制中心李春辉、刘文娟、宋燕、李燕、张馨予、田云龙、中华人民共和国烟台海关钟响、青岛新希望琴牌乳业有限公司张文莹、肥城市市场监督管理局武香玉共同拍摄制作，全书由卫晓英统稿，林洁审核。

本教材在编写过程中承蒙多位专家指导，提供宝贵建议，同时参考了国内外相关书籍和文献资料，在此一并表示感谢。由于编者水平有限，书中难免存在不足之处，恳请广大读者批评指正。

编者

数字资源一览表

目录

项目一　食品微生物检验岗前培训

项目引导

某第三方检测公司招聘食品微生物检验人员，要求具备微生物基础知识，熟练掌握微生物检验项目操作规程。

启发：1. 什么是微生物？它们有何特点？

2. 食品中常见的腐败微生物有哪些？

3. 微生物的检验程序是什么？

项目分析

学习目标	学习任务	实施建议
1. 掌握微生物定义和特点，了解微生物对食品品质的影响，能够区分有害微生物； 2. 能够根据样品特点确定微生物检验的程序； 3. 培养信息查询与分析处理能力，培养食品质量意识	认识微生物	通过生活中的实例，引起学生对微生物的兴趣，引导学生进行思考、分析和总结
	识别引起食品腐败变质的微生物	食物为什么会腐败变质？哪些微生物会导致食品的腐败变质？思考微生物与食品质量的辩证关系，培养质量意识
	微生物检验的程序	在进行微生物指标检验时，应按照什么样的顺序进行操作？操作步骤是否可以省略或颠倒？引导学生树立规范意识

任务一　认识微生物

任务描述

作为食品微生物检验人员，应具备微生物基础知识，列举生活中的微生物实例，分析并总结微生物的特点。

任务目标

1. 掌握微生物的基本概念。
2. 熟悉微生物的生物学特点。
3. 学习列文虎克勇于探索、迎难而上的科学精神。

任务准备

1. 知识准备：微生物的特点及类群相关知识。
2. 材料准备：笔记本电脑、参考书籍、记录本、笔等。

任务实施

序号	实施步骤	实施内容
1	独立思考	列举生活中和微生物有关的实例
2	查阅资料	解决以下问题： 1. 微生物的定义； 2. 分类地位； 3. 微生物的特点
3	小组讨论	1. 根据查阅的资料，结合实例，分析并总结微生物的特点； 2. 每组派一名代表汇报小组讨论结果，其他成员补充
4	总结提升	教师和学生一起分析、梳理及总结微生物的特点

实施报告

认识微生物实施报告

生活实例	有关的微生物	备注
微生物的特点：		
检验员： 复核人：	日期： 日期：	

任务评价

内容	评分标准	分值	得分
独立思考	能够列举出生活中与微生物有关的实例	10	
查阅资料	会根据任务要求查阅相关资料	5	
	能够对资料进行分析处理，筛选出有用信息	10	
小组讨论	能够根据查询的资料进行分析整理	15	
	思路清晰，条理分明，重点突出	10	
	微生物的特点归纳准确	15	
总结提升	根据教师总结对小组答案进行改进提升	10	
实施报告	报告填写认真、字迹清晰	5	
	各项目填写准确	10	
综合素养	具有小组合作意识，能够分工协作，共同完成任务	10	
得分合计			

知识链接 微生物基础知识

一、微生物的发现

地球上微生物的诞生可以追溯到35亿年前，远早于人类的诞生。然而，人类与微生物“相识”甚晚，1676年荷兰人列文虎克用自制的简单显微镜观察到细菌，从此为人类揭开了一个崭新的世界。

列文虎克(1632—1723)年轻的时候特别喜欢读书，为了节省灯油，他总是把灯光拨得很小，以至于眼睛越来越近视。眼睛的高度近视使他突发奇想：如果能有一副放大镜该有多好，人们便能看到更多的自然现象了。这个新奇的想法深深地吸引着他，他下定决心一定要制造出这样一幅“宝镜”。他磨制了很多镜片，终于制作成了一架能将原物放大200多倍的简单显微镜。列文虎克在观察胡椒为什么有辣味时发现了微生物的存在，并且还发现这些微生物是不断繁殖增长的。这是人们第一次看到了微生物世界，在当时引起了人们极大的注意。1695年，他将自己20年来辛勤观察的结果写成一本书出版，书名是《列文虎克发现的自然界的秘密》，这是人类关于微生物的最早的专门著作。

二、微生物的概念及其分类地位

微生物一般是指形体微小，结构简单，需要借助显微镜才能看到的微小生物的总称。这些微小的生物体，像细菌、病毒、绝大多数的真菌等是肉眼看不见的，但是也有例外，如人们日常食用的金针菇、木耳，中药中的灵芝、天麻等真菌类微生物，肉眼是可以看见的。微生物的分类如图 1-1 所示。从细胞结构上来看，微生物包括具有原核细胞结构的真细菌、古细菌；具有真核结构的真菌、单细胞藻类、原生动物；非细胞结构包括病毒、亚病毒。

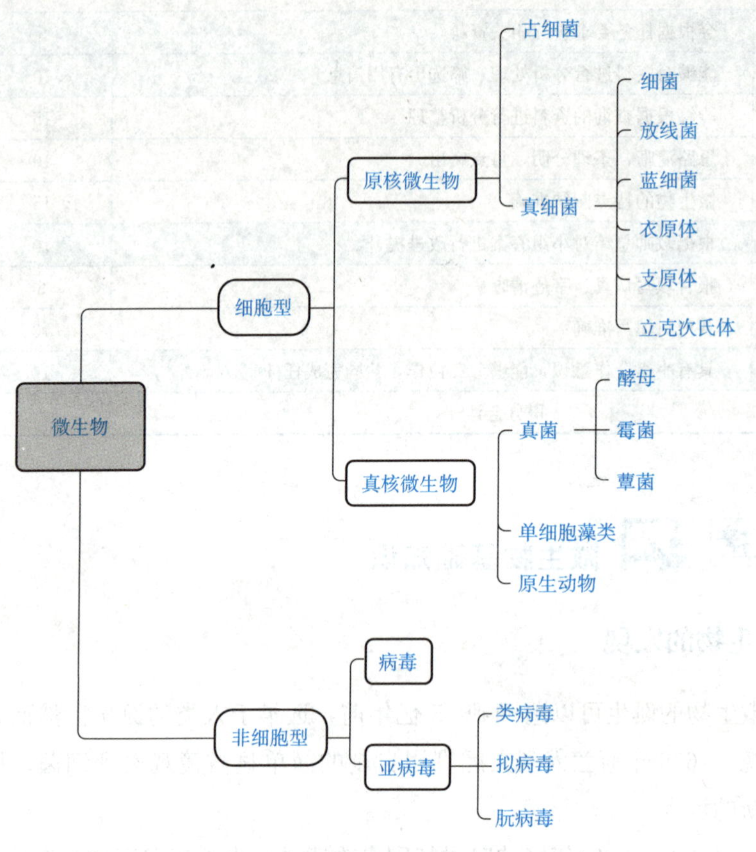

图 1-1　微生物的分类

在生物学发展史上，早期将所有生物分为动物界和植物界两大类群，而微生物中有些类似动物，有些类似植物，还有些既有动物的某些特征，也有植物的某些特征，因此，海克尔(Haeckel)于 1866 年提出了区别于动物界和植物界的第三届——原生生物界，包括原生动物、藻类、真菌和细菌。随着科学的发展及新技术和新研究方法的应用，尤其是电子显微镜和超显微结构研究技术的发展与应用，发现了微生物的细胞核有两种类型：一种是没有真正核结构的，细胞不具有核膜，被称为原核；另一种是有真正核结构的，被称为真核。动物界、植物界及原生生物界中的大部分藻类、原生动物和真菌是真核微生物，而细菌、蓝细菌是原核微生物。真核微生物和原核微生物不仅细胞核的结构不同，其性状也有不同。根据核结构不同，1969 年，魏塔科(Whittaker)提出了五界学说，分别为动物界、植物界、原生生物界、真菌界和原核生物界。病毒作为一界被提出的时间相对较晚，主要原因是对病毒和类病毒是生物还是非生物，是原始类型还是次生类型长期争论未决；病毒的种名不是用卡尔·冯·林奈双命名法命名的，分类也不同。后来经过长期研究发现，病毒和细胞型生物有共

同特征，它们的遗传物质是DNA(有的病毒是RNA)，使用共同的遗传密码。在此基础上，1977年我国微生物学家王大耜提出把病毒列为一界，即病毒界，从而建立了六界学说。

三、微生物的生物学特点

素养提升

请扫描二维码学习：体小甚微，潜力无限——大食物观里的微生物

微生物个体微小，结构简单，它们具有与很多高等生物相同的基本生物学特性，同时，一些还具有其他生物体不可比拟的特性。

(一)体积小，代谢能力强

微生物的个体微小，常用微米或纳米作为个体大小的度量单位。芬兰科学家发现了一种能引起尿道结石的纳米细菌，其直径仅为50 nm，比最大的病毒还要小一些，是目前所知最小的具有细胞壁的细菌。

微生物的结构简单，大多数为单细胞，只有少数为简单的多细胞，有的甚至没有细胞，只有蛋白质外壳包裹的遗传物质。虽然微生物个体微小，但是其比表面积(表面积/体积比值)极大，使其能够与环境之间迅速进行物质交换，吸收营养和排泄废物。如发酵乳糖的细菌在1 h内可分解其自重1 000～10 000倍的乳糖；产朊假丝酵母(Candida utilis)合成蛋白质的能力比大豆强100倍，比食用公牛强10万倍。

(二)生长旺，繁殖速度快

微生物繁殖速度快，以惊人的速度繁殖后代，如广泛存在于人和动物肠道中的大肠埃希菌(Escherichia coli)，主要进行二分裂繁殖，在合适的条件下，每分裂一次的时间大约为20 min，按每小时分裂3次，一昼夜分裂72次，其后代数超过4.72×10^{21}个，重约4 720 t。事实上，由于条件的限制，细菌的指数分裂速度只能维持较短的时间，不可能无限制地繁殖，因此在液体培养中，细菌的浓度一般仅能达到每毫升10^8～10^9个。尽管如此，微生物的繁殖速度仍比高等生物高出千万倍。

微生物的这个特性在发酵工业上具有重要的实践意义，主要体现在生产效率高，发酵周期短，为生物学基本理论研究提供了极大便利，使科研周期大大缩短。但对于危害人、畜和植物等的病原微生物或使物品发霉的微生物来说，它们的这个特性却会给人类带来极大的麻烦和祸害，需要认真对待，加以区别。

(三)种类多，分类广泛

微生物在自然界是一个十分庞大复杂的生物类群。迄今为止，被人类发现的微生物约有10万种，并且每年还在不断地发现和增加新的品种。随着分离、培养方法的改进和研究工作的进一步深入，将会有更多的微生物被发现。

微生物广泛分布在土壤、大气、水域以及其他生物体内，即使环境极端恶劣、其他很多生物体不能生存的地方，如高山、深海、冰川、沙漠、深层土壤等，都有微生物存在。人们实际上生活在一个充满微生物的环境中，每克土壤中含有几亿个细菌和几千万个放线菌孢子，人体肠道中的菌体总数约为100万亿个，每克新鲜菜叶表面可附着100多万个微生物。从这个特性来看，微生物的资源极其丰富，在生产实践和生命科学研究中，利用微生物的前景是十分广阔的。

(四)适应强，易发生变异

微生物个体微小，对外界环境敏感性强，抗逆性差，很容易受到外界环境的影响。为了适应多变的环境条件，微生物在其长期的进化过程中产生了许多灵活的代谢调控机制，使微生物形成了极强的适应性，这是生物进化的结果。虽然微生物个体一般是单细胞、非细胞或简单多细胞，变异频率十分低(10^{-10}～10^{-5})，但由于其数量多、繁殖快，也可以在短时间内产生大量变异后代。

人们可以利用微生物易变异的特性进行菌种选育，获得优良菌种，提高产品质量。微生物的遗传稳定性差，给菌种保藏工作带来一定不便，一般在满足生产需要的情况下，尽可能减少传代次数，并不断检测菌种的纯度和活力，一旦出现菌种的基因突变或退化现象，就需要对菌种进行复壮工作。

能力进阶

1. 试着解释细菌的抗药性是如何产生的。
2. 说一说微生物与人类的关系。

任务二　识别引起食品腐败变质的微生物

任务描述

食品的腐败变质是由微生物引起的，作为食品检验从业人员，分析并总结微生物引起食品腐败变质的原因、种类及控制措施。

任务目标

1. 了解污染食品的微生物来源及食品腐败变质的原因。

2. 熟悉引起食物中毒的微生物类型。

3. 能够对病原微生物进行有效控制。

4. 培养食品质量意识。

任务准备

1. 知识准备：污染食品的微生物来源及食品腐败变质相关知识。

2. 材料准备：笔记本电脑、参考书籍、记录本、笔等。

任务实施

序号	实施步骤	实施内容
1	独立思考	食品腐败变质会产生哪些变化
2	查阅资料	解决以下问题： 1. 污染食品的微生物是从哪里来的？ 2. 食品为什么会腐败变质？ 3. 常见的食物中毒有哪些类型？ 4. 哪些微生物会引起食物中毒？ 5. 应如何预防食物中毒
3	小组讨论	1. 根据查阅的资料，结合实例，分析并总结微生物引起食品腐败变质的原因、种类及控制措施； 2. 每组派一名代表汇报小组讨论结果，其他成员补充
4	总结提升	教师和学生一起分析、梳理及总结引起食品腐败变质的微生物

实施报告

识别引起食品腐败变质的微生物实施报告

生活实例	变质现象	备注
1. 引起食品腐败变质的微生物种类：		
2. 微生物污染食品的途径：		
3. 防控措施：		
检验员： 复核人：	日期： 日期：	

任务评价

内容	评分标准	分值	得分
独立思考	能够分析出食品腐败变质产生的变化	10	
查阅资料	会根据任务要求查阅相关资料	5	
	能够对资料进行分析处理，筛选出有用信息	10	
小组讨论	能够根据查询的资料，进行分析整理	15	
	思路清晰，条理分明，重点突出	10	
	引起食品腐败变质的微生物种类归纳准确	5	
	食品污染微生物途径归纳准确	5	
	微生物的防控措施总结合理	5	
总结提升	根据教师总结对小组答案进行改进提升	10	
实施报告	报告填写认真、字迹清晰	5	
	各项目填写准确	10	
综合素养	具有小组合作意识，能够分工协作，共同完成任务	10	
得分合计			

知识链接　引起食品腐败变质的微生物

一、污染食物的微生物来源与途径

食品在生产、加工、运输、储藏、销售、食用过程中均有可能受到微生物的污染，受到污染后的食品往往会变质。食品变质是指由微生物作用引起的食品感官和组成成分变化。这种变化会使食品失去原有的色、香、味，改变其组织结构，降低其营养价值或导致其不能食用。甚至因为微生物产生的有毒代谢产物或其本身所具有的致病性，造成食物中毒或传染性疾病，危害人体健康。

(一)污染食品的微生物来源

污染食品的微生物概括起来可分为内源性污染和外源性污染两大类。

1. 内源性污染

凡是作为食品原料的动植物体在生活过程中，由于本身所带有的微生物而造成食品的污染称为内源性污染，也称为第一次污染。例如，动物在生活过程中，一些非致病性或条件致病性微生物(如大肠杆菌、梭状芽孢杆菌等)寄生在动物体如消化道、呼吸道、肠道等部位，在动物抵抗力下降时会侵入组织器官，甚至进入肌肉、四肢中，造成肉品的污染。另外，一些致病性微生物(如沙门氏菌、炭疽、布氏杆菌、结核分枝杆菌等)感染动物后，在其产品中就可能出现这些相应的微生物。例如，当家禽感染了沙门氏菌，病原微生物可

通过血液侵入卵巢，使家禽产的卵中也含有沙门氏菌。

2. 外源性污染

食品在生产加工、运输、储藏、销售、食用过程中，通过水、空气、人、动物、机械设备及用具等使食品发生微生物污染称为外源性污染，也称为第二次污染。

(二)微生物污染食品的途径

1. 原料及辅料

健康的动植物原料表面及内部不可避免地带有一定数量的微生物。如果在加工过程中处理不当，容易使食品变质，有些来自动物原料的食品，还有可能引起疫病的传播。辅料(如各种佐料、淀粉、面粉、糖等)虽然只占食品总量的一小部分，但往往带有大量的微生物：调料中含菌量可高达 10^8 个/g，佐料、淀粉、面粉、糖中都含有耐热菌。原辅料中的微生物，一是来自生活在原辅料体表与体内的微生物；二是在原辅料的生长、收获、储存、运输、处理的过程中遭受带入的二次污染。

2. 水污染途径

在食品的生产加工过程中，水既是许多食品的原料或配料成分，也是清洗、冷却、冰冻不可缺少的物质。自然界各种天然的水源，江、河、湖、海等各种淡水与咸水及地下水中都生存着相应的微生物。生活中的饮用水可以来自山泉地表径流、水库或井水等，但无论是什么来源，都存在着一些污染，例如，物理性污染，有一些悬浮物、泥沙等；化学性污染，可能会有一些化学的残留；生物污染就包括了微生物。一般情况下，水源地取水以后会进行一些处理，如过滤可以去除悬浮物和大多数的微生物，氯化可以使饮用水更加安全，但即使这样，在国外每年也会发生饮用水安全事件，国内类似事件很罕见，原因就是中国人有喝开水的习惯，水煮沸以后会进一步杀死残留的微生物。自来水是天然水净化消毒后供给使用的，正常情况下含微生物较少，但在某些情况下(如自来水管出现漏洞、管道中压力不足及暂时变成负压时)，会引起管道周围环境中的微生物渗漏进入管道，使自来水中的微生物数量增加。水如果被微生物污染，便是造成微生物污染食品的重要途径之一。

3. 空气污染途径

空气中的微生物主要为霉菌、放线菌的孢子和细菌的芽孢及酵母。这些微生物是随风飘扬而悬浮在大气中或附着在飞扬起来的尘埃或液滴上，它们来自土壤、水、人和动植物体表的脱落物和呼吸道、消化道的排泄物，可随着风沙、尘土飞扬或沉降，从而附着于食品上。另外，人体带有微生物的痰沫、鼻涕及唾液形成的飞沫，在讲话、咳嗽和打喷嚏的时候，可以随空气直接或间接地污染食品。空气中的尘埃越多，所含微生物的数量就越多。因此，食品受空气中微生物污染的数量，与空气污染的程度是呈正相关的。

4. 人及动物污染途径

人体及各种动物，如犬、猫、鼠等的皮肤、毛发、口腔、消化道、呼吸道均带有大量的微生物。从事食品生产的人员，如果他们的身体、衣帽等不够清洁，大量微生物就会附着其上，并通过与食品的接触而造成污染。在食品的生产、加工、运输、储藏、销售及食用过程中，如果被鼠、蝇、蟑螂等动物直接或间接接触，同样也会造成食品的微生物污染。

5. 机械与设备污染途径

在食品生产、加工、储藏、运输、销售及食用过程中所使用的各种机械设备，在未消毒灭菌前，总是带有不同数量的微生物，特别是在食品加工过程中，由于食品的汁液或颗粒黏附于内表面，食品生产结束时机械设备没有得到彻底的清洗和消毒，使原本少量的微生物得以在其上大量生长繁殖，成为微生物的污染源。

6. 包装材料污染途径

包装材料处理不当也会带有微生物，一次性包装材料比循环使用的微生物数量要少。塑料包装材料由于带有电荷通常会吸附灰尘和微生物。

(三)控制微生物污染的措施

微生物污染是导致食品腐败变质的首要原因。控制微生物对食品的污染主要应从切断微生物的污染源和抑制食品中微生物的生长繁殖两个方面入手。

(1)应加强生产环境的卫生管理。食品加工厂和畜禽屠宰场必须符合卫生要求，要及时对废物、垃圾、污水和污物等进行清理，对生产车间、加工设备及工具要经常进行清洗消毒，严格执行各项卫生制度。工作人员必须定期进行健康检查，同时，还要保持个人卫生及工作服的清洁，患有传染病者不得从事食品生产工作。此外，生产企业应有符合卫生标准的水源。

(2)应严格控制生产过程中的污染。自然界中微生物的分布极广，杜绝食品受到微生物的污染是非常困难的，因此，在食品加工过程中，尽可能减少微生物污染，对防止食品腐败变质就显得十分重要。例如，选用健康无病的动植物原料，不使用腐败变质的原料，采用科学、卫生的处理方法进行分割、冲洗。食品原料如不能及时处理，需采用冷藏、冷冻等有效方法加以储藏，避免微生物的大量繁殖。食品加工中的灭菌条件，要能满足商业灭菌的要求。使用过的生产设备、工具要及时进行清洗、消毒等。

(3)应注意储存、运输和销售过程中的食品卫生。在储藏、运输及销售过程中也应防止微生物的污染，控制微生物的大量繁殖。例如，采用合理的储藏方法，储藏环境应符合卫生标准，运输车辆应做到专车专用，有防尘装置，车辆应经常进行清洗消毒。销售场所、销售人员必须符合卫生规范等。

二、微生物引起食品腐败变质的原因

食品在加工、运输、储藏及销售的过程中可能会受到不同类型的微生物的污染，由于

微生物的生长繁殖作用使食品在化学性质或物理性质上发生了有害变化，失去了原有的或应有的营养价值、组织性状及色、香、味等，称为食品的腐败变质。食品腐败变质的过程实质上是食品中碳水化合物、蛋白质、脂肪等营养物质在污染微生物的作用下分解变化的过程。微生物污染食品后是否会引起食品的腐败变质，与食品本身的性质、污染微生物的种类和数量及食品所处的环境等因素有着密切的关系。

(一)食品基质条件

1. 营养成分

食品中的碳水化合物主要包括淀粉、果胶、纤维素、半纤维素、单糖和双糖等，在粮食、蔬菜、水果及糕点中的含量较高。污染这些食品的微生物主要是霉菌、少数酵母和细菌，它们能将碳水化合物分解生成醇、醛、酸、酮等物质或产生二氧化碳气体，并带有这些产物特有的气味。肉、鱼、蛋和豆制品中富含蛋白质，经过一些分解蛋白质的微生物(如芽孢杆菌属、梭状芽孢杆菌属、假单胞菌属、青霉属、毛霉属、曲霉属等)的分解作用，将蛋白质分解成多肽、氨基酸和其他含氮小分子物质，在相应酶的作用下再分解产生有机酸、胺类、NH_3和 H_2S 等具有特异性臭味的物质。食品中脂肪的变质主要是酸败，分解脂肪的微生物(如曲霉属、假单胞菌属、黄色杆菌属等)通过其产生的脂肪酶将脂肪水解为甘油和脂肪酸，脂肪酸进一步分解形成具有不愉快气味的酮类、酮酸、醛类等产物，即所谓的“哈喇”味。腐败变质的食品其营养物质分解、营养价值下降，同时增加了致病菌和毒素的存在机会，在一定程度上能引起食物中毒。

2. pH 值

食品按其酸碱性可分为酸性食品和非酸性食品。pH 值在 4.5 以上者属于非酸性食品，绝大多数的蔬菜、鱼、肉和乳制品等动物性食品都是非酸性食品；pH 值在 4.5 以下者属于酸性食品，绝大多数的水果和少部分的蔬菜属于酸性食品。常见的食品 pH 值范围见表 1-1。

表 1-1　常见食品 pH 范围

动物性食品	pH 值范围	水果类	pH 值范围	蔬菜类	pH 值范围
猪肉	5.3～6.9	苹果	2.9～3.3	卷心菜	5.4～6.0
鸡肉	6.2～6.4	香蕉	4.5～4.7	萝卜	5.2～5.5
牛肉	5.1～6.2	橘子	3.6～4.3	芹菜	5.7～6.0
羊肉	5.4～6.7	葡萄	3.5～4.5	茄子	4.5～5.3
鱼肉	6.6～6.8	西瓜	5.2～5.6	番茄	4.2～4.3
牛乳	6.5～6.7	柠檬	1.8～2.0	菠菜	5.5～6.0

对于大多数微生物来说，生长的环境 pH 值为 5～9，但不同种类的微生物最适 pH 值也不尽相同。大部分细菌适合在 pH 值为 7 左右的中性环境中生长，霉菌和酵母菌一般适

宜在 pH 值为 5 左右的偏酸环境中生长，所以在非酸性食品中，细菌、酵母和霉菌都有生长的可能。在酸性食品中，细菌生长受到抑制，仅有酵母和霉菌可以生长。食品的 pH 值会受到微生物生长繁殖的影响而发生改变，以蛋白质为主要营养成分的食品，变质过程中伴随着 pH 值的升高；以脂肪和碳水化合物为主要营养物质的食品，变质过程中伴随着 pH 值的降低；营养成分比较均衡的食品，一般前期表现为 pH 值降低，后期为 pH 值升高。

3. 水分含量

水分是微生物生长繁殖的必需条件，在缺水的环境中，微生物的新陈代谢发生障碍，甚至死亡。不同类型的微生物生长繁殖所需的水分不同，因此，食品中的水分含量决定了微生物的种类。

食品中的水分以游离水和结合水两种形式存在。微生物在食品上生长繁殖，能利用的水是游离水，因而，微生物在食品中的生长繁殖所需水不是取决于总含水率(%)，而是取决于水分活度(A_w)。由于一部分水是与蛋白质、糖类及一些可溶性物质，如氨基酸、糖、盐等结合，这部分结合水对微生物是无用的，因而通常用水分活度来表示食品中可被微生物利用的水。新鲜的鱼、肉、水果和蔬菜等 A_w 一般为 0.98～0.99，适合多数微生物的生长。为了防止食品腐败变质，常用的方法是降低水分含量，使 A_w 降到 0.70 以下，如干燥、冷冻、糖渍、盐腌等方法，可防止微生物繁殖，提高耐储藏性。食品中主要微生物类群的最低生长 A_w 值见表 1-2。

表 1-2　食品中主要微生物类群的最低生长 A_w 值

微生物类群	最低生长 A_w 值
多数细菌	0.94～0.99
多数酵母	0.88～0.94
多数霉菌	0.73～0.94
嗜盐性细菌	0.75
干性霉菌	0.65
耐渗酵母	0.60

(二)外界环境条件

食品中微生物的生长繁殖除受到食品本身的基质影响外，还受到外界环境因素的影响，如天气炎热，饭菜容易腐败变质，潮湿环境粮食容易发霉。

1. 环境温度

环境温度对微生物的生长繁殖起着极其重要的影响，也是影响食品腐败作用的重要因素。大多数细菌、酵母和霉菌都能在 25～30 ℃范围内生存，在这种温度的环境中，各种微生物都能生长繁殖从而引起食品的变质。在低于 10 ℃的环境中存在的微生物类群主要有霉菌、少数酵母及细菌，在高于 40 ℃的环境中存在的微生物类群只有少数细菌。在

5 ℃左右或更低的温度(−20 ℃以下)下嗜冷微生物可生长繁殖，在超过45 ℃的高温条件下部分嗜热微生物依然能够生长繁殖而造成食品变质、酸败。部分食品中微生物的最低生长温度见表1-3。

表1-3 部分食品中微生物的最低生长温度

食品	微生物	最低生长温度/℃
猪肉	细菌	−4
牛肉	霉菌、酵母菌、细菌	−1～1.6
羊肉	霉菌、酵母菌、细菌	−5～−1
火腿	细菌	1～2
腊肉	细菌	5
鱼、贝类	细菌	−7～−4
乳	细菌	−1～0
冰激凌	细菌	−10～−3
大豆	霉菌	−6.7
草莓	霉菌、酵母菌、细菌	−6.5～−0.3
苹果	霉菌	0

2. 环境气体

食品在生产、加工、运输、储藏过程中，由于接触环境中气体含量不同，因而引起食品变质的微生物类群和食品变质的过程也不尽相同。在有氧的环境中，霉菌、放线菌和绝大多数细菌能在食品中生长繁殖，且生长速度较快，主要包括芽孢杆菌属、链球菌属、乳杆菌属、醋酸杆菌属、无色杆菌属、产膜酵母和霉菌等。在缺氧环境中主要由厌氧微生物引起食品的变质，速度较缓慢，主要包括梭状芽孢杆菌属、拟杆菌属。兼性厌氧微生物在有氧时的繁殖速度比缺氧时快得多，主要包括葡萄球菌属、埃希氏菌属、沙门氏菌属、变形杆菌属、志贺氏菌属、芽孢杆菌属中的部分菌种及大多数酵母和霉菌。因此，引起食品变质的时间取决于氧气存在与否。

三、食物中毒

食物中毒是指食用了被有毒有害物质污染的食品或食用了含有有毒有害物质的食品后出现的急性、亚急性疾病。食物中毒是一类最常见、最典型的食源性疾患，发病通常与特定的食物有关，中毒者往往是吃了同一种或几种食物而发病的。食物中毒通常来势凶猛，爆发集中，潜伏期短，多有恶心、呕吐、腹痛、腹泻、头晕、无力等症状，对他人无直接传染性。

食物中毒按致病因素一般可分为细菌性食物中毒、真菌性食物中毒、动物性食物中毒、植物性食物中毒和化学性食物中毒。

(1)细菌性食物中毒。摄入含有细菌或细菌毒素的食品而引起的中毒称为细菌性食物中毒。其通常有明显的季节性，一般5—10月较多，因为气温高适宜细菌生长繁殖，且炎热季节人体肠道的防御机能下降，对疾病的易感性增加，发病率较高但病死率较低。

(2)真菌性食物中毒。因食入被真菌及其产生的毒素污染的食品而引起的中毒称为真菌性食物中毒。其发生具有明显的地区性、季节性和波动性，随真菌繁殖产毒的最适温度不同而异，发病率较高，病死率也较高，如赤霉病麦面、霉变甘蔗中毒，霉变花生或玉米中毒等。

(3)动物性食物中毒。食入动物性有毒食品而引起的食物中毒称为动物性食物中毒。引起动物性食物中毒的食品主要有两大类：一类是天然含有有毒成分的动物性食品，如河豚、猪甲状腺等；另一类是在一定条件下产生了大量有毒成分的可食动物性食品，如贝类、鲐鱼等。

(4)植物性食物中毒。食入植物性有毒食品引起的食物中毒称为植物性食物中毒。其季节性、区域性较明显，多散在发生。植物性食物中毒一般因误食有毒植物或有毒植物的种子，或烹调加工方法不当、没有把植物中的有毒物质去掉而引起，常见的有发芽马铃薯、有毒蘑菇、木薯、苦杏仁、桐油等。

(5)化学性食物中毒。误食有毒化学物质或食入被其污染的食物而引起的中毒，称为化学性食物中毒。引起中毒的食品主要有被有毒、有害化学物质污染的食品，如被农药、杀鼠药污染的食品；被误认为是食品、食品添加剂、营养强化剂的有毒、有害化学物质，如工业酒精、亚硝酸盐等；添加非食品级的或伪造的或禁止使用的食品添加剂、营养强化剂的食品及超量使用食品添加剂的食品，如吊白块加入面粉增白、甲醛加入水发产品中防腐等；营养素发生化学变化的食品，如油脂酸败等。

四、引起食物中毒的病原微生物

素养提升

请扫描二维码学习：辩证看待微生物——人类是地球的后来之客

(一)沙门氏菌属

沙门氏菌属(Salmonella)肠杆菌科，是革兰阴性肠道杆菌。沙门氏菌属有的专对人类致病，有的只对动物致病，也有对人和动物都致病。感染沙门氏菌的人或带菌者的粪便污染食品，且细菌数达到10^5～10^9 CFU/g可使人发生食物中毒。沙门氏菌进入消化道以后，

在小肠和结肠里繁殖，侵入肠黏膜及肠黏膜下层，引起发炎、水肿、充血和出血等，并经淋巴系统进入血液，引起全身感染，从而出现全身中毒症状。沙门氏菌引起的食物中毒表现以急性胃肠炎为主，中毒症状主要有恶心、呕吐、腹痛、头痛、畏寒和腹泻等，还伴有乏力、肌肉酸痛、视觉模糊、中等程度发热、躁动不安和嗜睡等。潜伏期一般为 4～48 h，病程为 3～7 d，一般预后良好。

沙门氏菌广泛存在于自然界中，是最常见的肠道致病菌，也是最重要的人畜共患病病原菌。沙门氏菌可在畜禽等动物机体免疫力下降时，侵入其肉、血及内脏中，造成动物性食品的内源污染，也可以通过粪便污染环境及用具等，造成食品在原料生产、加工、运输、储藏、销售和消费等过程中的污染。在我国，沙门氏菌主要以污染肉类为主，最常见的是猪肉和牛肉。预防沙门氏菌食物中毒必须加强食品生产企业、饮食行业的卫生监督管理。在日常生活中，不喝未经处理的水，不喝生牛奶，不吃病死的畜禽；生、熟食品分开存放；食物在食用前充分加热；炊具、食具经常清洗、消毒；消灭厨房及储藏室的老鼠、蟑螂等，避免食物及用具受污染。

(二)葡萄球菌属

葡萄球菌(Staphylococcus)菌体呈球形或椭圆形，直径在 1.0 μm 左右，排列呈葡萄状，按其生化性状可分为金黄色葡萄球菌、表皮葡萄球菌和腐生葡萄球菌三种。其中，金黄色葡萄球菌的致病力最强。葡萄球菌的致病性与其产生的毒素和酶有关，潜伏期一般为 1～5 h，中毒的症状主要为恶心、反复呕吐、腹泻、头晕、头痛、发冷，一般为中上腹部疼痛，体温正常或低热。呕吐物初期为食物，继而为水样物，腹泻为稀便或水样便。病情重时，剧烈呕吐和腹泻，可导致肌肉痉挛，进而引起大量失水而发生外周循环衰竭和虚脱。病程一般较短，两天内可恢复，预后良好。

葡萄球菌在自然界分布广泛，存在于土壤、空气、水、餐具及生活常用物品中，在适宜的条件下，细菌大量繁殖产生毒素，就有可能引起食物中毒。葡萄球菌容易污染的食品主要有肉、奶、鱼、蛋及吃剩的米饭等营养丰富的食物。防止葡萄球菌污染食品，一是防止带菌人群对食品的污染，定期对食品生产人员和饮食从业人员进行健康检查，患有化脓性感染的人不能参加任何与食品有关的工作；二是防止葡萄球菌对食品的污染，肉制品加工厂要将患局部化脓感染的畜禽尸体去除病变部位，经高温处理后再进行加工；三是防止毒素的生成，原料、半成品和成品应在低温和通风良好的条件下储存，以防止肠毒素的形成。在气温较高的季节，食物应冷藏或放在通风的地方不超过 6 h，而且食用前要彻底加热。对不能加热的食品要注意保鲜和冷藏，以防止污染。

(三)病原性大肠埃希氏菌

大肠埃希氏菌(Escherichia coli)也称大肠杆菌，是人和动物肠道正常菌群的主要部分。其结构简单，繁殖迅速，培养容易。正常情况下，大肠埃希氏菌不致病，还能合成维生素 B 和维生素 K，产生大肠菌素，对机体有利。但在机体抵抗力下降或肠道长期缺乏刺激等特殊情况下，大肠埃希氏菌会侵入肠外组织或器官引起肠道外感染。肠道外感染多为内源性感染，以泌尿系感染为主，也可引起腹膜炎、胆囊炎、阑尾炎等。感染大肠埃希氏菌还易引起急性腹泻。腹泻常为自限性，一般 2～3 d 即自愈，营养不良者可达数周，也可以反复发作。

患病或带菌动物往往是动物来源食品污染的根源，如自带大肠埃希氏菌的牛所产的牛肉和奶制品，带菌鸡所产的鸡蛋和鸡肉制品等。带菌动物通过排泄的粪便能污染当地的食物、草场、水源或其他水体及场所，造成交叉污染和感染。通过饮用受污染的水，进食未熟透的食物或受粪便污染的食物也会造成感染。控制大肠埃希氏菌污染，关键是做好粪便管理工作，防止粪便污染食品。

(四)肉毒梭菌(或肉毒杆菌)

肉毒梭菌(C. botulinum)是一种专性厌氧的腐生菌。在厌氧条件下，此菌能分泌强烈的肉毒毒素，引起特殊的神经中毒症状，致残率、病死率极高，这是迄今为止所知道的最毒的自然生成毒素之一。肉毒梭菌中毒主要是由食入含有肉毒毒素的食品引起的，通常 24 h 以内发生中毒症状，也有 2～3 d 后才发病的，最长潜伏期可达 10 天。一般潜伏期越短，死亡率越高，说明其毒素含量高，毒力强。中毒前期症状主要表现为头痛、头晕、乏力、虚弱、走路不稳、食欲不振等非典型性症状，接着出现斜视、眼睑下垂、瞳孔散大等眼肌麻痹症状，之后是吞咽和咀嚼困难、口干、口齿不清等咽部肌肉麻痹症状，进而膈肌麻痹、呼吸困难，直至呼吸衰竭、心跳停止而导致死亡。死亡率较高，可达 30%～50%。

肉毒梭菌在自然界分布广泛，土壤、江河湖海沉积物、水果、蔬菜、畜、禽、鱼等制品中均有存在。通过食物摄入肉毒毒素是最广泛的中毒类型。家庭自制的发酵食品所使用的原料中常带有肉毒梭菌；肉类及肉制品在储存的过程中被肉毒梭菌污染；肉毒梭菌芽孢若感染创伤部位，在局部发芽繁殖产生毒素，也可引起肉毒梭菌中毒。罐头食品生产企业应建立严密、合理的工艺规程和卫生制度，严格执行灭菌操作规程。罐头发生胖听或破裂时不能食用。制作发酵食品时应对粮、谷、豆类等原料进行彻底蒸煮，以杀灭肉毒梭菌芽孢。盐腌或熏制肉类或鱼类时，原料应新鲜并清洗；加工后、食用前不再经加热处理的食品，更应认真防止污染和彻底冷却。

(五)副溶血性弧菌

副溶血性弧菌(Vibrio parahaemolyticus)是弧菌科弧菌属，也是引起食物中毒的主要病原菌之一。由副溶血性弧菌引起的食物中毒一般表现为急发病，主要的症状为腹痛，常位于上腹部、脐周或回盲部，多为阵发性绞痛，并伴有腹泻、恶心、呕吐、畏寒发热。腹泻多数为黄水样或黄糊便，便中混有黏液或脓血，部分病人有里急后重，重症患者因脱水，使皮肤干燥及血压下降造成休克。

副溶血性弧菌是一种嗜盐性细菌，主要存在于海产品中，其次为盐渍食品。此菌存活

能力极强，在抹布和砧板上能生存 1 个月以上，海水中可存活 47 d。食入被副溶血性弧菌污染的食物能够导致食物中毒。日本及我国沿海地区为副溶血性弧菌食物中毒的高发区。据调查，我国沿海水域、海产品中副溶血性弧菌检出率较高，尤其是气温较高的夏秋季节。被副溶血性弧菌污染的食物存放在较高温度下，食用前加热不彻底或生吃，或熟制品受到带菌者、带菌的生食品、带菌容器及工具的污染等均可引起中毒。在日常生活中，海产品宜用饱和盐水浸渍保藏，食用前用冷开水反复冲洗，接触过海产品的厨具、容器及洗手池等及时洗刷干净，以免污染食品。防止生熟食物操作时产生交叉污染，不吃生的或未煮熟的海产品，动物性食品应煮熟煮透再吃。

（六）单核细胞增生李斯特氏菌（单增李斯特氏菌）

单增李斯特氏菌（Listeria monocytogenes）为革兰阳性兼性厌氧菌，容易污染食物，特别是鲜奶产品，能引起严重食物中毒，是人畜共患病的病原菌。感染后主要表现为败血症、脑膜炎和单核细胞增多。潜伏期从几天到数周不等。临床最常见的李斯特氏菌病为脑膜炎；其次是无定位表现的菌血症，伴有或不伴有脑膜炎，一旦感染，轻则出现发烧、肌肉疼痛、恶心、腹泻等症状，重则出现头痛、颈部僵硬、身体失衡和痉挛等症状。受感染的孕妇可能出现早产、流产和死产，婴儿健康也可能受影响。

单增李斯特氏菌广泛存在于自然界中，不易被冻融，能耐受较高的渗透压，在土壤、地表水、污水、废水、植物、青储饲料、烂菜中均有存在。动物很容易食入该菌，并通过口腔—粪便途径进行传播。人主要通过食入软奶酪，未充分加热的鸡肉、热狗、鲜牛奶等食物而感染，多发生在春季。单增李斯特氏菌在一般加热处理中能存活，所以，在食品加工中，中心温度必须达到 70 ℃，维持 2 min 以上。蔬菜及水果如果生吃应彻底清洗干净，牛肉、猪肉、鸡肉等肉类应煮熟后再食用，避免饮用生牛奶及其制品。冰箱要经常清洁，生、熟食品应分开存放，避免在冰箱中长时间存放食物。

能力进阶

1. 采取哪些措施可以有效防止食品的腐败变质？
2. 因摄入毒蘑菇引起的中毒属于哪一类型的食物中毒？应如何防控？

任务三　食品微生物检验的程序

任务描述

某市市场监管局执法人员与检测机构人员对辖区内农贸市场开展食品安全抽样检验，欲抽检鲜肉、芹菜、牡蛎等样品，并进行微生物指标测定。作为检验人员，应按照什么程序进行检验？

任务目标

1. 熟悉微生物检验的程序。
2. 能够根据不同样品特点确定具体检验程序。
3. 培养规范意识。

任务准备

1. 知识准备：微生物检验程序相关知识。
2. 材料准备：笔记本电脑、参考书籍、记录本、笔等。

任务实施

序号	实施步骤	实施内容
1	独立思考	鲜肉、芹菜、牡蛎等样品有何特点
2	查阅资料	解决以下问题： 1. 农贸市场中的样品有何特点？如何进行抽样？ 2. 对于鲜肉、芹菜、牡蛎应检测哪些微生物指标？ 3. 检验步骤有哪些？
3	小组讨论	1. 根据查阅的资料，分析并总结样品进行微生物指标检验的基本程序； 2. 每组派一名代表汇报小组讨论结果，其他成员补充
4	总结提升	教师和学生一起分析、梳理及总结微生物检验程序

实施报告

食品微生物检验程序实施报告

样品	特点	指标
鲜肉		
芹菜		
牡蛎		
微生物检验程序：		
检验员： 复核人：	日期： 日期：	

任务评价

内容	评分标准	分值	得分
独立思考	能够分析出样品特点	10	
查阅资料	会根据任务要求查阅相关资料	5	
	能够对资料进行分析处理，筛选出有用信息	10	
小组讨论	能够根据查询的资料进行分析整理	15	
	思路清晰，条理分明，重点突出	10	
	样品特点分析准确	5	
	微生物检测指标查询准确	5	
	微生物检验程序总结准确	5	
总结提升	根据教师总结对小组答案进行改进提升	10	
实施报告	报告填写认真、字迹清晰	5	
	各项目填写准确	10	
综合素养	具有小组合作意识，能够分工协作，共同完成任务	10	
得分合计			

知识链接　食品微生物检验的程序

微生物的存在和污染贯穿食品生产的整个过程。一方面，微生物在自然界中分布广泛，不同的环境中存在的微生物类型和数量不尽相同；另一方面，食品在原料、加工、储藏、运输、销售、烹调等各个环节，不可避免地会与环境发生各种方式的接触，进而导致微生物污染。通过测定微生物指标，可以判断食品被微生物污染的情况及微生物在食品中的生长情况，为控制食品质量、进行安全管理提供科学依据。食品微生物的种类繁多，检验方法也各不相同，但总体来说包括样品采集前的准备、样品的采集、样品的前处理、样品的检验、检验结果报告及样品的处理等基本程序。

一、样品采集前的准备

为了保证检验的顺利完成及检验结果的准确性，在对样品进行采集之前，需要充分做好前期准备工作。准备工作必须严格按照规程执行，否则会造成检验结果无效。

(一)检验所需的试验设备

试验设备应满足检验工作的需要。常用的试验设备有生化培养箱、离心机、高压灭菌锅、超净工作台、显微镜、振荡器、均质机、高速离心机、天平、pH 计、冰箱、生物安全柜等。试验设备应放置在适宜的环境条件下，便于维护、清洁、消毒与校准，并保持整洁与良好的工作状态。试验设备应定期进行检查或检定、维护和保养，以确保工作性能和操作安全。同时，试验设备应有日常监控记录或使用记录。

(二)检验用品

检验用品应满足微生物检验工作的需求。常规的检验用品主要有接种环(针)、酒精灯、镊子、剪刀、药匙、消毒棉球、硅胶(棉)塞、吸管、吸球、试管、平皿、锥形瓶、微孔板、广口瓶、量筒、玻棒及L形玻棒、pH试纸、记号笔、均质袋等。检验用品在使用前应保持清洁和/或无菌，需要灭菌的检验用品应放置在特定容器内或用合适的材料(如专用包装纸、铝箔纸等)包裹或加塞，并保证灭菌效果。检验用品的储存环境应保持干燥和清洁，已灭菌与未灭菌的用品应分开存放并明确标识。检验用品应记录灭菌温度与持续时间及有效使用期限。

(三)培养基和试剂

培养基和试剂的制备与质量要求应符合《食品安全国家标准 食品微生物学检验 培养基和试剂的质量要求》(GB 4789.28—2024)的规定。正确制备培养基是微生物检验的基础步骤之一。使用脱水培养基和其他成分，尤其是含有有毒物质(如胆盐或其他选择剂)的成分时，应遵守良好的实验室规范和生产厂商提供的使用说明。使用商品化脱水合成培养基制备培养基时，应严格按照厂商提供的使用说明配制，如质量(体积)、pH值、制备日期、灭菌条件和操作步骤等。实验室使用各种基础成分制备培养基时，应按照配方准确配制，并记录相关信息，如培养基名称和类型、试剂级别、每个成分物质含量、制造商、批号、pH值、培养基体积(分装体积)、无菌措施(包括实施的方式、温度及时间)、配制日期、人员等，以便进行溯源。

二、样品的采集

在食品微生物检验中，样品的采集是一个极其重要的环节。采集的样品必须具有代表性，这就要求采样人员不仅要选择适宜的采样方法，还需要在采样前了解样品的来源、加工、储藏、包装、运输等情况。此外，采样时使用的器械和容器需要经过灭菌处理，并且严格进行无菌操作，不得添加防腐剂，以保证样品不被微生物污染。

(一)采样原则

(1)样品的采集应遵循随机性、代表性的原则。

(2)采样过程遵循无菌操作程序，防止一切可能的外来污染。

(二)采样方案

在进行微生物指标检验时，应根据检验目的、食品特点、批量、检验方法、微生物的危害程度等确定适宜的采样方案。目前，应用比较广泛的是国际食品微生物标准委员会(ICMSF)推荐的采样方案。该方案一般将食品划分为以下三种危害度：

(1)Ⅰ类危害是指老人和婴幼儿食品及在食用前危害可能会增加的食品。

(2)Ⅱ类危害是指可立即食用的食品，在食用前危害基本不变。

(3)Ⅲ类危害是指食用前经加热处理，危害减小的食品。

根据危害度的分类，可将采样方案分为二级法和三级法。二级采样方案设有 n、c 和 m 值；三级采样方案设有 n、c、m 和 M 值。

(1)n：同一批次产品应采集的样品件数。

(2)c：最大可允许超出 m 值的样品数。

(3)m：微生物指标可接受水平限量值(三级采样方案)或最高安全限量值(二级采样方案)。

(4)M：微生物指标的最高安全限量值。

按照二级采样方案设定的指标，在 n 个样品中，允许有 $\leqslant c$ 个样品其相应微生物指标检验值大于 m 值。

按照三级采样方案设定的指标，在 n 个样品中，允许全部样品中相应微生物指标检验值小于或等于 m 值；允许有 $\leqslant c$ 个样品中相应微生物指标检验值在 m 值和 M 值之间；不允许有样品相应微生物指标检验值大于 M 值。

例如：$n=5$，$c=2$，$m=100$ CFU/g，$M=1\,000$ CFU/g。其含义是从一批产品中采集 5 个样品，若 5 个样品的检验结果均小于或等于 m 值($\leqslant 100$ CFU/g)，则这种情况是允许的；若 $\leqslant 2$ 个样品的结果(X)位于 m 值和 M 值之间(100 CFU/g$<X\leqslant$1 000 CFU/g)，则这种情况也是允许的；若有 3 个及以上样品的检验结果位于 m 值和 M 值之间，则这种情况是不允许的；若有任一样品的检验结果大于 M 值($>$1 000 CFU/g)，则这种情况也是不允许的。

一般在中等或危害严重的情况下使用二级采样方案，对健康危害低的情况下建议使用三级采样方案。

(三)采样方法

1. 预包装食品

对预包装食品，应采集相同批次、独立包装、适量件数的食品样品，每件样品的采样量应满足微生物指标检验的要求。独立包装小于、等于 1 000 g 的固态食品或小于、等于 1 000 mL 的液态食品，取相同批次的包装。独立包装大于 1 000 mL 的液态食品，应在采样前摇动或用无菌棒搅拌液体，使其达到均质后采集适量样品，放入同一个无菌采样容器内作为一件食品样品；大于 1 000 g 的固态食品，应用无菌采样器从同一包装的不同部位分别采取适量样品，放入同一个无菌采样容器内作为一件食品样品。

2. 散装食品或现场制作食品

对散装食品或现场制作食品，应使用无菌采样工具从 n 个不同部位现场采集样品，放入 n 个无菌采样容器内作为 n 件食品样品。每件样品的采样量应满足微生物指标检验单位的要求。

（四）样品的标记

应及时、准确记录和标记样品的采集信息，内容包括采样人、采样地点、时间、样品名称、来源、批号、数量、保存条件等。标记应牢固，具有防水性，字迹不会被擦掉或脱色。当样品需要托运或由非专职抽样人员运送时，必须封识样品容器。

（五）样品的储藏与运输

样品采集完毕后，应尽快送往实验室进行检验。如不能及时运送，冷冻样品应存放在−20 ℃冰箱或冷藏库内，冷却或易腐食品存放在0～4 ℃冰箱或冷却库内，其他食品可放在常温阴暗处，样品存放一般不超过36 h。运送冷冻和易腐的食品，应在包装容器内加适量的冷却剂或冷冻剂，保证样品在运输过程中不升温或不融化。盛装样品的容器应进行消毒处理，但不得使用消毒剂处理。不能在样品中加入任何防腐剂。在运输过程中，应保持样品完整。运送时应做好样品运送记录，记录中应写明运送条件、日期、到达地点及其他需要说明的情况，并由运送人签字。

三、样品的前处理

(1)固体样品。称取不同部位的样品，用无菌刀、剪刀或镊子等剪碎放入灭菌容器，均质，制成1∶10的混悬液，进行检验。生肉及内脏应先进行表面消毒，再剪去表面样品，采集深层样品。

(2)粉状或颗粒状样品。用灭菌勺或其他适用工具将样品搅拌均匀后，以无菌操作称取检样25 g，置于225 mL无菌稀释液中，充分振摇混合均匀或使用振荡器混合均匀，配制成1∶10的稀释液。

(3)冷冻样品。冷冻样品在检验前需要进行解冻，一般在0～4 ℃解冻，时间不超过18 h，也可在45 ℃解冻，时间不超过15 min。样品解冻后，以无菌操作称取样品25 g，置于225 mL无菌稀释液中，配制成1∶10的稀释液。

(4)瓶装液体样品。原包装样品用点燃的酒精棉球消毒瓶口，再用经石炭酸或来苏尔消毒液消过毒的纱布将瓶口盖住，用灭菌的开瓶器开启，振摇均匀后用无菌吸管吸取。对于含有二氧化碳的样品，可倒入500 mL磨口瓶，瓶口不要盖紧，且覆盖灭菌纱布，轻轻振荡，待气体全部逸出后，取25 mL进行检验。

(5)盒装或软装塑料包装样品。将包装开口处用75%酒精棉球擦拭消毒，用灭菌剪子剪开包装，剪开部分覆盖上灭菌纱布或浸有消毒液的纱布，用无菌吸管吸取样品25 mL，或先倒入另一灭菌容器，再取样25 mL。

四、样品的检验

每个指标通常有一种或几种检验方法，可根据不同的食品、不同的目的选择适宜的检

验方法。通常所用的检验方法一般为现行国家标准或国际标准或食品进口国标准等。

五、检验结果报告

检验过程中应及时、客观、准确地记录试验现象、数据和结果等信息。检验完毕后，检验人员应及时进行数据处理，并按照检验方法中规定的要求报告检验结果，填写检验报告单，签名后送主管负责人核实签字，加盖单位印章，以示生效。在检验报告正式发出前，任何与检验有关的数据、结果、原始记录等信息均应保密，不得外传。

六、检验后样品的处理

检验结果报告后，被检样品方能进行处理。若为阴性样品，在发出报告后，便可及时处理。破坏性的全检，样品在检验后销毁即可。若为一般阳性样品，应在发出报告 3 d 后，方能处理样品。检验出致病菌的阳性样品需要先经过无害化处理，然后再进行处理。进口食品的阳性样品需保存 6 个月，方能处理。检验结果报告以后，剩余样品或同批样品通常不进行微生物项目的复检。

能力进阶

1. 微生物检验项目为什么一般不进行复检?
2. 检验数据进行处理的原则是什么?

微生物检验岗前培训考核评价

【考核任务】

作为检验人员对市场上抽检的乳制品进行微生物检验，确定检验指标、国家标准要求及检测依据。

【考核要求】

1. 能够熟练进行国家标准查询。
2. 能够根据样品确定检测项目及检测依据。

【考核实施】

1. 查阅资料。
2. 小组讨论，确定乳制品分类及微生物检验指标要求。

3. 小组汇报，推荐一名学生汇报，其他学生补充。

4. 结果填写。

(1)乳制品分类及微生物检验指标；

(2)微生物指标国家标准要求及检测依据；

(3)填写查询报告。

样品类别 1					
检测项目					
国家标准要求					
检测方法					
样品类别 2					
检测项目					
国家标准要求					
检测方法					
样品类别 3					
检测项目					
国家标准要求					
检测方法					
样品类别 4					
检测项目					
国家标准要求					
检测方法					
样品类别 5					
检测项目					
国家标准要求					
检测方法					
样品类别 6					
检测项目					
国家标准要求					
检测方法					
样品类别 7					
检测项目					
国家标准要求					
检测方法					
备注					

检验员：　　　　　　　　　　　　日期：

复核人：　　　　　　　　　　　　日期：

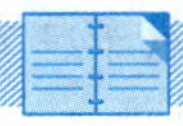

巩固练习

【考核评价】

一、知识评价

(一)选择题

1. 微生物最常见的变异形式是(　　)。

A. 基因突变　　B. 化学突变　　C. 自然变异　　D. 物理变异

2. 微生物的体积(　　)，比表面积(　　)，使微生物能够和环境之间快速进行代谢活动，有最大的代谢速率。

A. 小；小　　B. 小；大　　C. 大；小　　D. 大；大

3. 细菌抗药性的产生主要是由微生物的(　　)特点决定的。

A. 代谢能力强　　B. 繁殖快，个体长不大

C. 种类多分布广　　D. 适应性强，易变异

4. 贾思勰编著的(　　)里面详细记载了制曲、酿酒、制酱和酿醋等工艺。

A.《天工开物》　　B.《神农本草经》　　C.《齐民要术》　　D.《水经注》

5. 微生物作为一门独立的学科，是从(　　)的发明开始的。

A. 显微镜　　B. 放大镜　　C. 培养基　　D. 发酵技术

6. 在葡萄球菌属中，致病能力最强的是(　　)。

A. 腐生葡萄球菌　　B. 金黄色葡萄球菌

C. 柠檬色葡萄球菌　　D. 表皮葡萄球菌

7. 副溶血性弧菌分布极广，主要分布在(　　)中。

A. 肉制品　　B. 乳制品　　C. 水产品　　D. 罐头

8. 发明了流动蒸汽灭菌法的科学家是(　　)。

A. 列文虎克　　B. 巴斯德　　C. 柯赫　　D. 贾思勰

9. 下列没有细胞结构的是(　　)。

A. 狂犬病毒　　B. 黄曲霉　　C. 蓝细菌　　D. 大肠杆菌

10. 大肠菌群可以作为(　　)污染的指示菌群。

A. 细菌　　B. 霉菌　　C. 病毒　　D. 粪便

(二)判断题

1. 食物中毒按致病因素一般分为细菌性食物中毒、真菌毒素食物中毒、化学性食物中毒、植物性食物中毒和动物性食物中毒。(　　)

2. 肉毒梭菌是一种专性厌氧的腐生菌，革兰阴性。（　）

3. 样品采样时一般在中等或危害严重的情况下使用二级采样方案。（　）

4. 采样时使用的器械和容器需要经过灭菌，并且严格进行无菌操作，可以适当使用添加防腐剂，以保证样品不变质。（　）

5. 检验人员填写完检验报告单，应签名后送主管负责人核实签字，加盖单位印章，以示生效。（　）

二、技能考核评分表

考核内容		评价标准	分值	得分
产品分类	产品查询	产品查询准确	5	
	产品分类	产品分类准确	10	
国家标准查询	国家标准查询	国家标准查询方法快速有效	5	
	微生物指标	能够分析产品需要检测的微生物指标	25	
	国家标准要求	能够查询出微生物指标对应的限量要求	15	
	检测方法	准确列出微生物指标对应的检测方法	10	
查询报告	分类填写	报告填写准确	10	
	指标填写	各指标填写准确	10	
综合素养	分析能力	能够对查询到的信息进行有效的分析处理	5	
	团结协作	具有小组合作意识，能够团结协作，各司其职，完成任务	5	
得分合计				

【知识梳理】

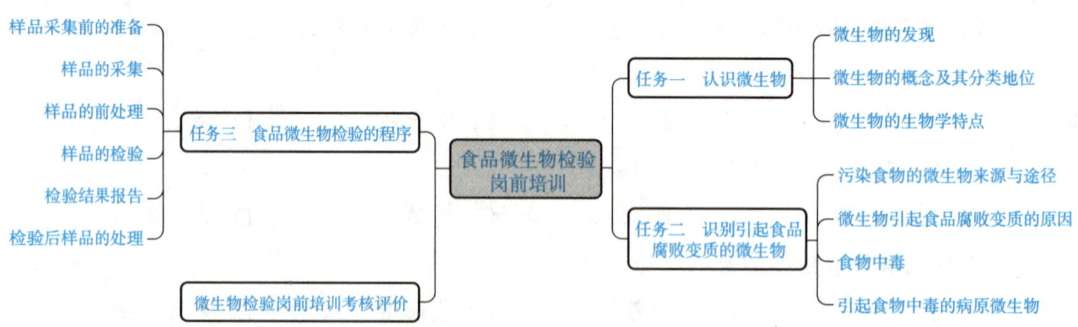

项目二　微生物的观察

项目引导

某微生物实验室分离得到几株未知菌种，作为检验人员，请对其进行染色和镜检并判断是何种菌。

启发：1. 如何使用显微镜进行镜检？

2. 微生物的主要菌种包括哪些？其基本形态和特征是什么？

3. 如何对微生物进行染色观察？

项目分析

学习目标	学习任务	实施建议
1. 熟悉常见微生物的形态特点； 2. 能够熟练使用显微镜进行微生物显微观察； 3. 能够熟练进行细菌染色并判别染色结果； 4. 培养实事求是、敢于探索的科学精神，以及不怕困难、吃苦耐劳的劳动精神	显微镜的使用	显微镜是认识微生物世界的基础工具，通过观察物体的微观结构，引起学生对微生物的探索。显微镜的熟练使用需要不停练习，培养学生吃苦耐劳的精神
	微生物的形态观察	看不见的微生物形态其实是多种多样的，通过不同类型微生物形态的观察与对比，培养归纳分析总结能力
	细菌的简单染色	细菌太小，如何能清晰地观察到它的结构？如何才能使细菌染上颜色？通过系列问题引导学生分析问题、解决问题
	细菌的革兰染色	革兰染色是由谁发明的？这种染色方法有什么用？为什么细菌会被染成不同的颜色？通过现象分析原理，引导学生探索真理、追寻本质
	细菌的芽孢染色	普通的染色方法为什么不能使芽孢染色？芽孢有何特点？如何进行染色？引导学生拓展思路、勇于创新

任务一 显微镜的使用

任务描述

普通光学显微镜是进行微生物形态观察的重要仪器。实验室新到一批微生物标本片，请使用显微镜进行观察，并绘制出微生物形态。

任务目标

1. 熟悉显微镜的结构及各部分功能。

2. 能够熟练使用显微镜进行微生物显微观察。

3. 能够反复练习、巩固直至熟练正确使用显微镜，培养迎难而上的精神。

微课：显微镜的使用

任务准备

知识准备：显微镜结构及使用步骤相关知识。

材料准备：显微镜、微生物玻片标本、香柏油、二甲苯、擦镜纸等。

任务实施

序号	实施步骤	实施内容	操作要点
1	显微镜的准备	将显微镜从显微镜柜中取出，一只手紧握镜臂，另一只手托住镜座，放于实验台略偏左的位置，镜座离实验台边缘 10 cm 左右	坐姿要端正，单目显微镜一般用左眼观察，右眼进行记录或绘图
2	对光	1. 调节物镜转换器使低倍镜对准通光孔，打开光圈并使聚光器上升到合适位置，调节反光镜，使光线均匀照射在反光镜上(若是电光源显微镜只需打开照明光源)。 2. 用左眼观察目镜中视野的亮度，转动反光镜，使视野内光线均匀，亮度适中	当光线较强时，用平面镜，光线较弱时，则用凹面镜。自带光源的显微镜，可通过调节电流旋钮来调节光照强弱
3	低倍镜观察	1. 将标本放在载物台上，使有菌的一面朝上，用标本夹夹住，移动推动器，使待观察部位对准通光孔。 2. 转动粗调焦螺旋将物镜调至接近标本处，同时用眼睛从侧面观察镜头和标本的距离，避免距离太近压碎标本。用目镜进行观察，同时用粗调焦螺旋慢慢下降载物台，直至视野中出现物像，然后改用细调焦螺旋微调，直至物像清晰。 3. 用推动器移动标本片，找到需要进一步观察的区域，将其移到视野中央，准备用高倍镜观察	不可随意拆卸显微镜上的零部件，以防止损坏或使灰尘落入镜筒

续表

序号	实施步骤	实施内容	操作要点
4	高倍镜观察	1. 转动物镜转换器将高倍镜转到工作状态，即对准通光孔，若视野变暗，可以适当调节聚光器，此时目镜中一般会出现不太清晰的物像，用细调焦螺旋微调后，便可以出现清晰的物像。 2. 将需要观察的部位移至视野中央，准备用油镜进行观察	转动显微镜镜头时应使用物镜转换器进行转换，切忌直接握住镜头用力转换，防止镜头发生弯曲，影响光路
5	油镜观察	1. 调节粗调焦螺旋将载物台下降约 2 cm，用物镜转换器将高倍镜转出，在标本的镜检部位滴一滴香柏油，再将油镜镜头旋转到工作状态。 2. 从侧面观察，用粗调焦螺旋将载物台缓慢上升，使油镜镜头浸没在香柏油中并与标本相接。 3. 通过目镜观察，调节聚光器使光线明亮，用粗调焦螺旋缓慢下降载物台，当出现模糊物像后，换用细调焦螺旋调节，直至物像清晰为止。 4. 如油镜已离开油面而仍未见到物像，需要重复上述操作	油镜镜头需要滴加二甲苯才能观察到物像，但高倍镜和低倍镜使用时不能沾上二甲苯，否则影响物像观察
6	显微镜的清理	1. 观察结束后先下降载物台，取出标本，转动物镜转换器将油镜镜头转出。 2. 先用擦镜纸擦去镜头上的香柏油，再用擦镜纸蘸少许二甲苯擦去镜头上残留的油迹，最后用擦镜纸擦拭干净	当用二甲苯擦镜头时，用量要少，不易久抹，以防止黏合透镜的树脂被溶解
7	显微镜的复原	1. 转动物镜转换器使物镜镜头呈八字形摆放。 2. 将载物台下降至最低，降下聚光器，避免物镜无聚光器发生碰撞危险。 3. 用柔软纱布清洁载物台等机械部分，最后盖上防尘罩	使用完毕后，必须恢复原样才能放回镜箱

安全贴士

试验时应避免触摸口、鼻、眼睛等部位，并应避免造成微生物污染。

实施报告

显微镜的使用实施报告

检验项目			检验日期	
微生物名称				
放大倍数				

续表

油镜下微生物形态			
微生物形态对比：			
遇到问题及解决方法：			
检验员： 复核人：		日期： 日期：	

任务评价

内容	评分标准	分值	得分
试验准备	工作服穿戴整齐	2	
	试验试剂耗材准备齐全	3	
认识显微镜	准确说出显微镜各部分的名称及作用	10	
取放显微镜	显微镜取放姿势准确，放置位置合适	5	
对光	调节视野亮度合适	5	
放置玻片	标本放置准确，待观察部分对准通光孔	5	
低倍镜观察	低倍镜头选择准确，用粗调焦螺旋进行调节，两眼同时睁开观察	10	
高倍镜观察	用转换器转换镜头，高倍镜头选择准确，用细调焦螺旋进行调节，视野中物像清晰	10	
油镜观察	准确滴加香柏油，油镜头选择准确，用细调焦螺旋进行调节，视野中物像清晰	10	
显微镜清理	使用完毕后，正确清理油镜和其他镜头	5	
显微镜复原	显微镜复原操作准确	5	
实施报告	报告填写认真、字迹清晰	5	
	微生物形态绘制准确	10	

续表

内容	评分标准	分值	得分
清洁整理	清洁并整理实验台	5	
综合素养	不怕失败，具有迎难而上的劳动精神	10	
得分合计			

知识链接　光学显微镜的构造与功能

微生物个体微小，想要观察清楚必须借助显微镜。显微镜是利用光线照明使微小物体形成放大物像的仪器，按其显微原理可分为偏光显微镜、光学显微镜与电子显微镜和数码显微镜等。普通光学显微镜是光学显微镜中最常用的一种，其构造可分为机械装置和光学系统两大部分(见图 2-1)。

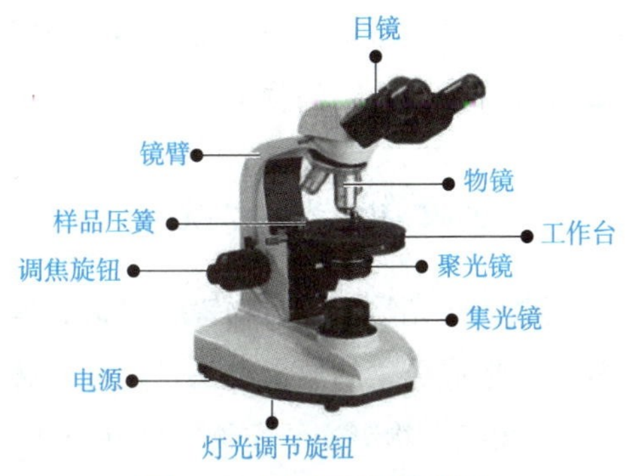

图 2-1　光学显微镜的结构

素养提升

请扫描二维码学习：智慧坚韧，勇敢执着——我国电子显微镜第一人黄兰友

一、显微镜的机械装置

显微镜的机械装置包括镜座、镜臂、镜筒、物镜转换器、载物台、推动器、调焦螺旋(粗调焦螺旋、细调焦螺旋)等部件。其作用是保证光学系统的准确性与灵活调控。

(1)镜座。镜座位于显微镜的底部，支撑整个显微镜。

(2)镜臂。镜臂位于镜筒的后面，呈弓形，连接镜座和镜筒之间的部分，作为搬挪显微镜时的握持部位。

(3)镜筒。镜筒位于显微镜前上方，是光线的通道。镜筒上接目镜，下接转换器，形成目镜与物镜间的暗室，有单筒和双筒两种。

(4)物镜转换器。物镜转换器固定于镜筒下端，有 3～4 个物镜圆孔，用于安放不同放大倍数的物镜，不同物镜之间的切换要通过转动物镜转换器来实现。

(5)载物台。载物台用来放置标本，通常有圆形和方形两种。载物台中间有一个通光孔，用于光线通过。

(6)推动器。载物台上还有用来固定标本的压片夹和控制标本移动的推动器。通过调节推动器上的螺旋可以实现标本的前后或左右移动。有些推动器上还有刻度尺，用以确定标本的位置，便于重复观察。

(7)调焦螺旋。调焦螺旋是用来调节载物台和镜筒距离的装置，有粗调焦螺旋和细调焦螺旋。粗调焦螺旋用于粗略的调焦，可以使载物台大幅度上升或下降，适用于低倍镜的观察；细调焦螺旋能使载物台在较小的幅度范围内调节，一般在使用粗调焦螺旋后再使用细调焦螺旋进行微调。细调焦螺旋适用于高倍镜和油镜的观察。当物体在物镜的焦点上时，可以观察到清晰的物像。

二、显微镜的光学系统

显微镜的光学系统由物镜、目镜、聚光器、反光镜(电光源)等组成。光学系统能使物体放大，形成倒立的放大物像，是显微镜的核心部分。

(1)物镜。物镜安装在物镜转换器上，通常由多块透镜组成，决定了成像质量和分辨能力。物镜的作用是将被观察物体进行第一次放大，形成一个倒立的实像。根据放大倍数的不同，物镜可分为低倍物镜、高倍物镜和油镜。低倍物镜一般有4×、10×和20×；高倍物镜一般有40×和45×；油镜一般有95×和100×。油镜头上一般刻有“油”或“Oil”字样，在使用时需要滴加香柏油作为介质，以减少光线折射，增加视野亮度，提高分辨率。

(2)目镜。目镜安装在镜筒的上端，通常由上下两组透镜组成，其作用是将由物镜形成的实像进一步放大，形成虚像进入眼帘，不增加分辨力。常用的目镜有5×、10×、15×等。不同放大倍数的目镜其口径是统一的，可根据需要选择合适的目镜进行观察。

(3)聚光器。聚光器又称集光器，位于载物台下方。其主要由聚光镜、孔径、光栅、滤光镜等组成。聚光镜由许多透镜组成，其作用相当于凸透镜，能会聚由反光镜反射而来的光线，使光线集中于载物玻片上。聚光器可以通过上下移动光栅来调节所需的亮度。

(4)反光镜。反光镜位于聚光器下方，是一个可以转动的双面镜，具有平面和凹面两种镜面。在光源充足或用低倍镜和高倍镜时，可使用平面镜；光线较弱或用油镜时，可使用凹面镜。目前，许多光学显微镜带内置光源，并有调节电流的旋钮，可通过调节电流大小来控制光的强弱。

能力进阶

依据全国职业院校技能大赛“食品安全与质量检测”赛项中微生物检验技能考核要求，选手应熟练利用显微镜进行镜检，显微镜的使用应巩固以下问题：

知识题：1. 使用显微镜观察时为什么需要先用低倍镜进行观察？
2. 如何判断视野中的图像是标本中的微生物还是镜头上的污点？
3. 油镜和普通物镜的使用有何不同？如何正确使用油镜？
4. 如何做好显微镜的日常维护？

技能题：使用显微镜对自来水进行显微观察。

任务二　微生物的形态观察

任务描述

实验室分离得到一未知菌种，作为检验人员，请对其进行镜检并根据微生物形态初步判断菌种类型。

任务目标

1. 熟悉典型微生物类群的形态和特点。
2. 能够根据显微观察结果判断微生物类群。
3. 能够如实绘制观察到的微生物形态，培养实事求是的科学态度。

任务准备

知识准备：细菌、霉菌和酵母菌的形态及特点相关知识。

材料准备：微生物菌悬液、显微镜、载玻片、盖玻片、酒精灯、香柏油、二甲苯、擦镜纸等。

任务实施

序号	实施步骤	实施内容	操作要点
1	制作玻片	先取一块洁净无油的载玻片，再取一滴菌悬液滴于载玻片中央，另取一盖玻片，小心地将其一端与菌悬液接触，然后缓慢地放下，避免产生气泡	载玻片使用时应注意不要压碎或打碎
2	显微镜的准备	将显微镜从显微镜柜中取出，一只手紧握镜臂，另一只手托住镜座，放于实验台略偏左的位置，镜座离实验台边缘约 10 cm	坐姿要端正，养成两眼同时睁开观察的习惯
3	显微镜调试	将低倍镜调到工作位置，将显微镜视野调整到适宜的亮度	视野的光线不宜太亮，否则光线刺眼，不利于观察
4	微生物的观察	按照低倍镜、高倍镜、油镜的顺序进行观察	注意物镜的使用顺序，方便快速找到物像

续表

序号	实施步骤	实施内容	操作要点
5	显微镜的清理和复原	将显微镜镜头清理擦拭干净，按照复原步骤进行复原	清理镜头时，只能用擦镜纸擦拭
6	清理实验台	试验完毕，清理实验台，将显微镜送回存放处	使用完毕后，必须恢复原样才能放回镜箱

安全贴士

二甲苯有刺激性气味，属低毒类化学物质，使用完毕后应立即洗手。

实施报告

微生物的形态观察实施报告

<table>
<tr><td>检验项目</td><td colspan="2"></td><td>检验日期</td><td></td></tr>
<tr><td>物镜</td><td>低倍镜</td><td colspan="2">高倍镜</td><td>油镜</td></tr>
<tr><td>微生物形态</td><td></td><td colspan="2"></td><td></td></tr>
<tr><td>放大倍数</td><td></td><td colspan="2"></td><td></td></tr>
<tr><td colspan="5">微生物形态特点：</td></tr>
<tr><td colspan="5">微生物类型：</td></tr>
<tr><td colspan="5">遇到问题及解决方法：</td></tr>
<tr><td colspan="5">检验员：　　　　日期：
复核人：　　　　日期：</td></tr>
</table>

任务评价

内容	评分标准	分值	得分
试验准备	工作服穿戴整齐	2	
	试验试剂耗材准备齐全	3	
制作载玻片	载玻片制作准确，无气泡	10	
取放显微镜	显微镜取放姿势准确，放置位置合适	5	
对光	调节视野亮度合适	5	
低倍镜观察	低倍镜头选择准确，用粗调焦螺旋进行调节，两眼同时睁开观察	10	
高倍镜观察	用转换器转换镜头，高倍镜头选择准确，用细调焦螺旋进行调节，视野中物像清晰	10	
油镜观察	准确滴加香柏油，油镜头选择准确，用细调焦螺旋进行调节，视野中物像清晰	15	
显微镜清理	使用完毕后，正确清理油镜和其他镜头	5	
显微镜复原	显微镜复原操作准确	5	
实施报告	报告填写认真、字迹清晰	5	
	微生物形态绘制准确，类型推断准确	10	
清洁整理	清洁并整理实验台	5	
综合素养	能够如实绘制观察到的微生物形态，培养实事求是的科学态度	10	
得分			

知识链接  典型微生物形态及特点

一、细菌

细菌结构简单、种类繁多，在自然界中分布广泛，与人类生产生活关系密切。广义的细菌包括所有的原核微生物；狭义的细菌是指个体微小、结构简单、以二分裂方式繁殖的水生性较强的原核微生物。细菌细胞一般都很小，需要借助显微镜才能观察到，一般以微米(μm)作为测量其大小的单位。

(一)细菌的形态

细菌按基本形态可分为球状、杆状、螺旋状，分别称为球菌、杆菌、螺旋菌。

1. 球菌

球菌的细胞呈球形或近似球形，一般以直径来表示其大小，直径为0.8～1.2 μm。以典型的二分裂方式进行繁殖，分裂后产生的新细胞常保持一定的空间排列方式。

(1)单球菌：分裂后的细菌分散且单个独立存在，如尿素微球菌。

(2)双球菌：细胞沿一个平面进行分裂，产生的新个体呈对排列，如肺炎双球菌。

(3)链球菌：细胞沿一个平面进行分裂，产生的新个体呈链状排列，如乳链球菌。

(4)四联球菌：细胞沿两个相互垂直的平面进行分裂，产生的四个细胞连接在一起，呈田字形排列，如四联微球菌。

(5)八叠球菌：细胞沿三个相互垂直的平面进行分裂，产生的八个细胞叠在一起，呈立方体排列，如尿素八叠球菌。

(6)葡萄球菌：细胞无定向的多次分裂，产生的新个体呈不规则状排列，如金黄色葡萄球菌。

2. 杆菌

杆菌的细胞呈杆状或圆柱状，有的短粗、有的细长，其大小一般用宽度×长度来表示。一般来说，同一种杆菌的粗细比较稳定，而长度会随培养时间和培养条件的不同而有所改变。

杆菌的细胞常沿一个平面进行分裂，一般分散存在，有的菌体两端呈钝圆形，少数两端平齐(如炭疽杆菌)，也有两端尖细(如梭杆菌)或末端膨大呈棒状(如白喉棒状杆菌)。其细胞无一定排列形式，偶有成对或链状，个别呈特殊的排列，如栅栏状或 V、Y、L 形。杆菌是细菌中种类最多的，食品工业中用到的细菌大多是杆菌，如用来发酵酸奶的保加利亚乳杆菌，用来生产淀粉酶和蛋白酶的枯草芽孢杆菌等。

3. 螺旋菌

螺旋菌的细胞呈螺旋状，菌体较硬，常以单细胞存在，其大小一般用宽度×长度来表示，长度是以其自然弯曲状的长度来计算。根据弯曲状况，螺旋菌可分为以下类别：

(1)弧菌：菌体只有一个弯曲，呈弧形或逗点状，如霍乱弧菌。

(2)螺菌：菌体回旋如螺旋状，满 2～6 环，如干酪螺菌。

(3)螺旋体：菌体螺旋周数在 6 环以上的，菌体柔软，如梅毒密螺旋体。

细菌的形态受环境条件的影响，如培养温度、培养时间、培养基的组成与浓度等发生改变，均可能引起细菌形态的改变(见图 2-2)。一般处于幼龄时期或培养条件适宜时，细

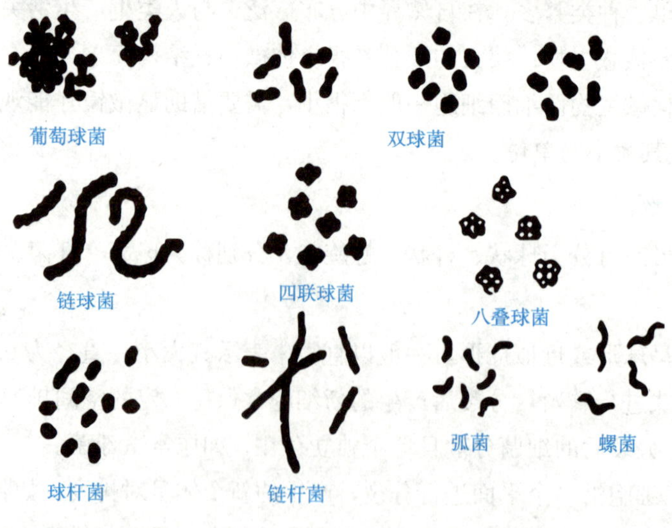

图 2-2　细菌的形态

菌形态正常、整齐，表现出特定的形态。当培养条件不适宜或培养物较老时，细菌会出现不正常的形态，如细胞膨大、菌体伸长、产生分枝等，统称为细菌的异常形态。

(二)细菌的大小

细菌一般都很小，需要借助于光学显微镜才能被观察到。细菌常用的度量单位为微米(μm)，细菌亚细胞结构的度量单位是纳米(nm)。球菌的大小通常以直径来表示，大多数球菌的直径为0.20～1.25 μm。杆菌和螺旋菌的大小一般都以宽度×长度来表示，杆菌的一般为(0.20～1.25) μm×(0.3～8.0) μm，产芽孢的杆菌比不产芽孢的杆菌要大；螺旋菌的一般为(0.3～1.0) μm×(1.0～5.0) μm。不同细菌的大小差异很大。迄今为止所知的最小的细菌是纳米细菌，其细胞直径为50 nm，比最大的病毒还要小；而最大的细菌是纳米比亚珍珠硫细菌，其直径为0.32～1.00 mm，肉眼清楚可见。

影响细菌形态变化的因素很多，细菌最明显的形态变化为大小变化。一般幼龄菌体的大小比较稳定，老龄菌体的长度变化大但宽度变化不明显。此外，还受环境条件，如培养基成分、浓度、培养温度和培养时间等的影响。在非正常条件下或衰老的培养基中细菌常表现出膨大、分枝或丝状等畸形。因细菌个体大小有很大差异且测量大小时使用的固定和染色方法不同，所以测量结果可能不一致。一般细菌在干燥和固定的过程中，其细胞明显收缩，测量结果只能得到其近似值，因此，有关细菌大小的记载通常是平均值或代表值。

(三)细菌的细胞结构

细菌的细胞结构包括基本结构和特殊结构。基本结构是各种细菌都具有的结构，包括细胞壁、细胞膜、细胞质、原核等；特殊结构是仅某些细菌具有的结构，如荚膜、芽孢、鞭毛、菌毛等(见图2-3)。

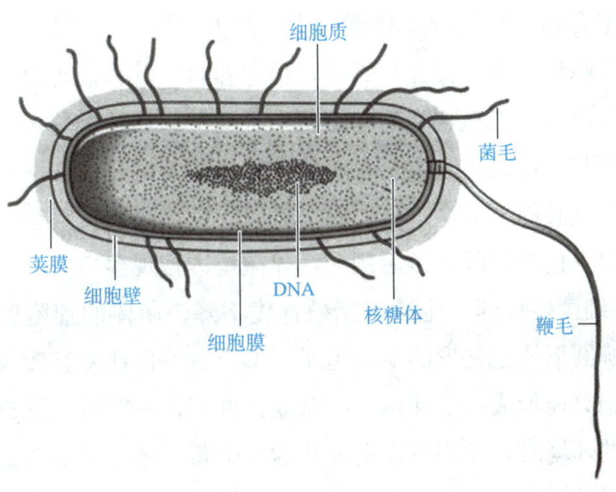

图2-3　细菌的细胞结构

1. 基本结构

(1)细胞壁。细胞壁位于细菌细胞的最外层，是一层质地坚韧而略有弹性的膜状结构，占细胞干质量的10%～25%，其组成比较复杂且随不同细菌而异。细菌细胞壁的主要化学成分是肽聚糖，又称黏肽，是原核生物细胞特有的物质。细胞壁具有一定的韧性和弹性，能够保护细胞免受外力的损伤，同时维持细胞的正常形态。细胞壁具有多孔结构和选择透过性，能够允许水及一些化学物质通过，与细胞膜一起完成细胞内外物质的交换。细胞壁的化学组成与其抗原性、致病性及对噬菌体的敏感性有关。此外，细胞壁还可作为鞭毛运动的支点。

(2)细胞膜。细胞膜位于细胞壁内侧，包围着细胞质，是一层柔软且富有弹性的半透膜结构，厚约为7.5 nm，占细菌干质量的10%～30%。细胞膜主要由磷脂(占20%～30%)、蛋白质(占50%～70%)及少量的糖类(占1.5%～10%)组成。细胞膜能够选择性地控制细胞内、外物质的吸收与排出，维持细胞内正常渗透压。细胞膜是细菌产生代谢能量的主要场所，与合成细胞壁和荚膜有关，是鞭毛的着生位点，并为其提供运动能量。

(3)细胞质。细胞质是位于细胞膜内的无色透明黏稠状胶体，是细胞的基础物质，其基本成分是水、蛋白质、核酸和脂类，也含有少量的糖和无机盐类。细胞质内含有丰富的酶系，是合成蛋白质和复制核酸的场所，也是细菌新陈代谢的重要场所，维持细菌生长所需要的环境。

(4)原核。原核是由大型环状双链DNA分子不规则的折叠缠绕形成的无核膜、核仁的区域，一般呈球状、棒状或哑铃状。核质具有细胞核的功能，控制着细菌的遗传和变异等各种生物学性状。另外，细菌中还存在染色体外的遗传因子，称为质粒，是共价闭合环状的双链DNA分子，分散在细胞质中，具有自我复制的能力。

2. 特殊结构

(1)荚膜。荚膜是某些细菌在生长繁殖过程中分泌的一层松散透明的黏液性物质，具有一定的外形，相对稳定地附着于细胞壁外。荚膜的组成因品种而异，90%以上是水分，其次是多糖或多肽聚合物，此外，还有蛋白质、糖蛋白等。荚膜具有较强的抗干燥能力，可以保护菌体免受巨噬细胞等的捕捉和吞噬，储存养料，营养缺乏时作为细胞外碳源和能源的储备物质；具有毒力，能够增强某些细菌的致病性，如肺炎球菌、炭疽杆菌等都有这类荚膜。细菌失去荚膜仍可以正常生长，荚膜的形成与否主要由细菌的遗传特性决定，也与其生存环境有关。荚膜的折射率很低，不易着色，一般采用负染色法进行观察，使背景和菌体着色，衬托出无色的荚膜，然后用光学显微镜进行观察。

(2)芽孢。有些细菌生长到一定阶段繁殖速度下降，菌体的细胞原生质浓缩，在细胞内形成一个圆形、椭圆形或圆柱形的厚壁孢子，形成对不良环境有较强的抵抗能力的休眠体。通常，一个细胞只能形成一个芽孢，在常规条件下，一般可以保持几年甚至几十年不死亡，当遇到适宜的环境时，芽孢可以萌发成为一个新个体。芽孢对高温、干燥、化学消毒剂及辐射等有很强的抵抗力，是生命世界中抗逆性最强的一种结构，因此，食品、医疗器械、敷料、培养基等的灭菌以杀灭芽孢为指标。

(3)鞭毛。鞭毛是某些细菌从体内长出的纤细呈波状的丝状物，成分是蛋白质，有抗原性，是细菌的运动器官。鞭毛的一端着生于细胞质内的基粒上，另一端伸出细胞外成为游离端。根据鞭毛数目和排列方式，可将鞭毛分为单毛、双毛、丛毛和周毛。鞭毛在菌体上的位置和数量对鉴别细菌具有重要的意义(见图 2-4)。

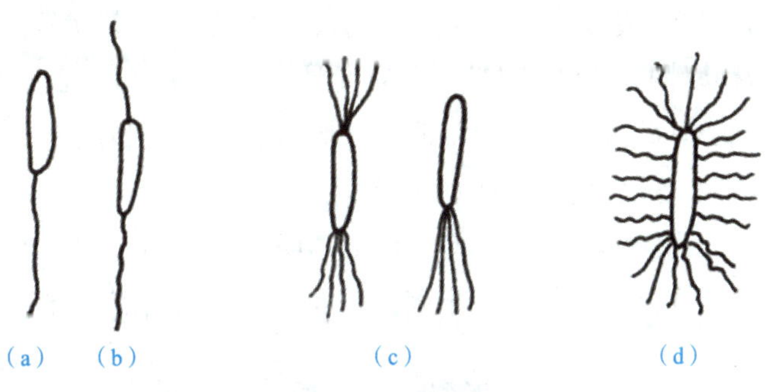

图 2-4　细菌的鞭毛

(a)单毛菌；(b)双毛菌；(c)丛毛菌；(d)周毛菌

(4)菌毛。菌毛又称为纤毛，是某些革兰阴性菌和少数革兰阳性菌细胞上长出的短而直的蛋白质丝或细管，一般数目较多，分布于整个菌体，与细菌的运动无关。菌毛可分为两种，一种是普通菌毛，能使细菌附着在物质表面形成菌膜；另一种是性菌毛，与细菌结合有关，能够在接合作用时向雌性菌株传递遗传物质。

(四)细菌的繁殖

细菌以简单的二分裂方式进行无性繁殖。分裂时首先菌体伸长，DNA 进行复制，形成两个核区，然后细胞壁、细胞膜内陷，在两个核区之间形成双层细胞膜，最后在双层细胞膜之间生成细胞壁，子细胞分离形成两个子细胞。除无性繁殖外，细菌也存在有性结合，但发生的频率极低(见图 2-5)。

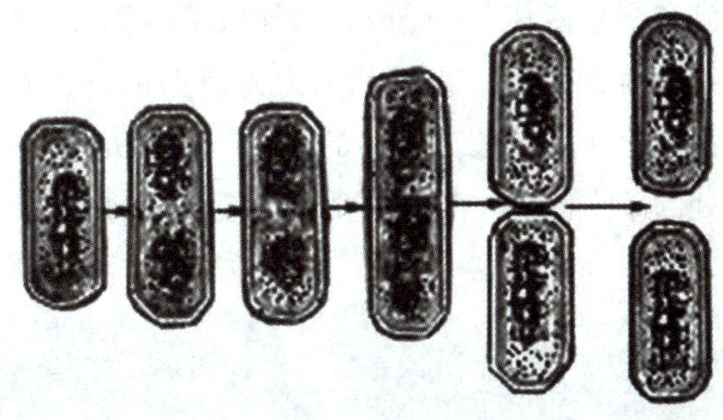

图 2-5　细菌的繁殖

(五)细菌的菌落

把微生物细胞接种到固体培养基上，在适宜的条件下培养，微生物迅速生长繁殖形成肉眼可见的细胞群体，称为菌落。如果将某一纯种细胞大量密集接种于固体培养基表面，菌体生长形成的各菌落连接成片，则称为菌苔。

不同菌种的菌落特征不同，同一菌种在不同培养条件下形成的菌落形态也不尽相同，但相同的培养条件下形成的菌落形态是一致的，因此，菌落形态的特征对于菌种的鉴定具有一定的意义。各种细菌形成的菌落具有一定特征，如菌落大小、形状(点状、圆形、丝状、根状、不规则状等)、边缘情况(光滑、波形、裂片状、缺刻状等)、隆起情况(扁平、隆起、凸透镜状、枕状等)、光泽(闪光、金属光泽、无光泽等)、表面状态(光滑、皱褶、颗粒状、龟裂状、同心环状等)、质地(油脂状、膜状、黏稠、脆硬等)、颜色(正反面或边缘与中央部位的颜色)、透明程度(透明、半透明、不透明)等(见图 2-6)。多数细菌在固体培养基上菌落较小，表面湿润、光滑、有光泽，透明或半透明，颜色单一，质地均匀、黏稠，容易挑取。另外，在液体培养基和半固体培养基中细菌菌落也有差异。

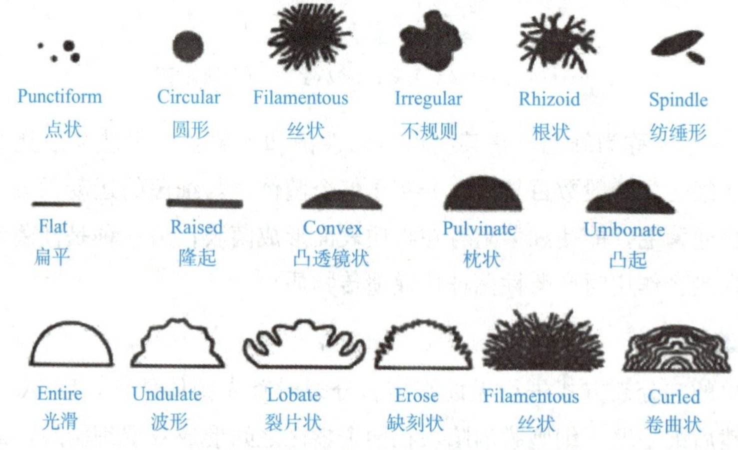

图 2-6　细菌的不同菌落特征

菌落的形态、大小受培养空间的限制，如果两个相邻的菌落靠得很近，由于营养物有限，有害代谢产物的分泌和积累使其生长受阻，会导致菌落变形。菌落特征也受其他方面因素的影响，产荚膜的细菌表面光滑、黏稠状，为光滑型菌落；不产荚膜的菌落表面干燥、褶皱状，为粗糙型菌落。在进行菌落观察的时候一般以培养 3～7 d 为宜，观察时要选择菌落分布比较稀疏处的单个菌落。菌落主要用于微生物的分离、纯化、鉴定、计数等研究和选种、育种实际工作中。

素养提升

请扫描二维码学习：敢为人先——衣原体之父汤飞凡

二、霉菌

霉菌是丝状真菌的统称，往往能形成分枝繁茂的菌丝体。在潮湿、温暖的地方，很多物品上长出一些肉眼可见的绒毛状、絮状或蛛网状的菌落就是霉菌。霉菌的分布极其广泛，空气、土壤、水及动植物体内外都有它们的踪迹。霉菌与人类的关系密切，霉菌能够将其他生物难以分解利用的复杂有机物彻底分解转化为绿色植物可以重新利用的养料，促进生物圈的循环发展；食品工业上能够利用霉菌酿造酱油、制造干酪；发酵工业上能够利用霉菌生产酒精、有机酸；医药工业上能够利用霉菌生产抗生素、酶制剂和维生素等；农业上能够利用霉菌发酵饲料、生产农药等。但是大量霉菌可以引起工农业产品霉变，很多霉菌也是植物主要的病原菌，可引起各种植物传染病，如马铃薯晚疫病、稻瘟病等，还可引起动物和人的传染病，如皮肤癣病等，另有少部分霉菌可产生毒性很强的真菌毒素，如黄曲霉毒素。

(一)霉菌的形态特征

霉菌的菌丝是由细胞壁包被的一种管状细丝，大多无色透明，直径一般为 3～10 μm。菌丝有分枝，分枝的菌丝相互交错而成的群体称为菌丝体。霉菌的菌丝按形态可分为有隔膜菌丝和无隔膜菌丝两种类型。有隔膜菌丝中有横膈膜，被隔开的一段菌丝就是一个细胞，每个细胞中有一个至多个核。隔膜上有孔，细胞质和细胞核可以自由流动，每个细胞的功能相同，这是高等真菌具有的类型。无隔膜菌丝的整个菌丝就是一个单细胞，细胞内有许多的细胞核，菌丝在生长的过程中只有细胞核数目的分裂和菌丝的延长，没有细胞数目的增多，这是低等真菌具有的类型。

霉菌的菌丝在固体培养基内和表面都能生长，按其分化程度可分为营养菌丝、气生菌丝和繁殖菌丝。向培养基内生长的菌丝的主要功能是吸收营养，称为营养菌丝，也称为基内菌丝；在培养基表面生长的菌丝称为气生菌丝；气生菌丝成熟时分化成的具有一定产生孢子结构的菌丝称为繁殖菌丝。霉菌的菌丝形态特征是识别不同种类霉菌的重要依据(见图 2-7)。

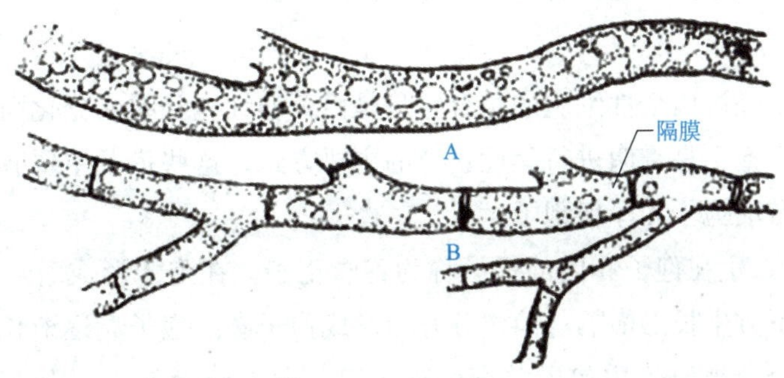

图 2-7 霉菌的菌丝形态

A—无隔膜菌丝；B—有隔膜菌丝

霉菌的显微形态如图 2-8 所示。

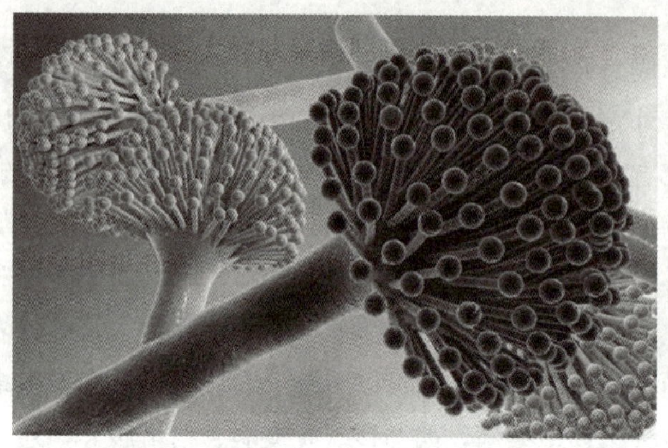

图 2-8　霉菌的显微形态

(二)霉菌的细胞结构

霉菌细胞由细胞壁、细胞膜、细胞质、细胞核、线粒体、核糖体、内质网及各种内含物等组成。霉菌的细胞膜、细胞核、线粒体、核糖体等结构和其他真核生物基本相同，除少数低等水生霉菌细胞壁含纤维素外，大部分霉菌细胞主要由几丁质组成。几丁质和纤维素分别构成高等和低等霉菌细胞壁的网状结构——微纤丝，使细胞壁具有坚韧的机械性能。真菌细胞壁的另一类成分为无定形物质，主要是一些蛋白质、甘露聚糖和葡聚糖，它们填充于纤维状物质构成的网内或网外，充实细胞壁的结构。幼龄菌往往具有小而少的液泡，老龄菌的液泡则较大。

(三)霉菌的繁殖

霉菌的繁殖能力一般很强，繁殖方式也较复杂，可分为无性繁殖和有性繁殖，主要以产生大量的无性孢子为主，在液体培养时能够以菌丝断裂方式进行繁殖。在一定的生长阶段，当条件适宜时，多数霉菌可通过产生有性孢子的方式进行有性繁殖。孢子的大小、形状、颜色和形成方式是鉴别霉菌种类的重要依据之一。

1. 无性繁殖

无性繁殖是不经过两个性细胞的结合，只是由营养细胞分裂或分化而形成同种新个体的过程。产生无性孢子是霉菌进行无性繁殖的主要方式，这些孢子主要有孢囊孢子、分生孢子、节孢子、游动孢子和厚垣孢子。

(1)孢囊孢子。生在孢子囊内的孢子称为孢囊孢子。在孢子形成时，气生菌丝或孢囊梗顶端膨大，在下方生长出横隔与菌丝分开而形成孢子囊。孢子囊逐渐长大，然后在囊中形成许多核，每个核被原生质包围并产生孢子壁，即成孢囊孢子。孢子成熟后孢子囊破裂，孢囊孢子扩散出来，遇到适宜的条件即可萌发成新个体。

(2)分生孢子。分生孢子是生于菌丝细胞外的孢子。分生孢子着生于已经分化的分生

孢子梗或具有一定形状的小梗的顶端，也有一些真菌的分生孢子着生在菌丝的顶端，多数以类似出芽的方式形成成串的孢子。

(3)节孢子。节孢子由菌丝断裂而成，又称粉孢子或裂孢子。节孢子的形成过程是菌丝生长到一定阶段，菌丝上出现许多横隔，然后从横隔处断裂，产生许多形如短柱状、筒状或两端呈钝圆形的节孢子。

(4)游动孢子。游动孢子产生在由菌丝膨大而成的游动孢子囊内，孢子通常为圆形、洋梨形或肾形，具有一根或两根鞭毛，能够游动。产生游动孢子的真菌多为水生真菌，大多数为鞭毛菌亚门的真菌。

(5)厚垣孢子。厚垣孢子具有较厚的壁，又称厚壁孢子，是由菌丝中间(少数在顶端)的个别细胞膨大，原生质浓缩和细胞壁变厚而形成的休眠孢子。厚垣孢子呈圆形、卵圆形或圆柱形。它是霉菌度过不良环境的一种休眠细胞，其形成过程与细菌芽孢有类似之处，并且对不良环境也有较强的抗性。因此，它既是霉菌的一种无性繁殖形式，也是霉菌的休眠体。当环境条件适宜时，就能萌发成菌丝体。

2. 有性繁殖

霉菌有性繁殖通过产生有性孢子进行。真菌有性孢子是经过两个性细胞(或菌丝)的结合而形成的。大多数真菌的菌体是单倍体，二倍体仅限于接合子。霉菌有性孢子的形成过程一般经过质配、核配和减数分裂三个阶段。

(1)质配阶段。质配是两个遗传型不同的“性细胞”结合的过程，质配时两者的细胞质融合在一起，但两者的核各自独立，共存于同一细胞中，称为双核细胞。此时，每个核的染色体数目都是单倍的($n+n$)。

(2)核配阶段。质配完成后，双核细胞中的两个核进行融合，形成二倍体的合子，此时核的染色体数是双倍的($2n$)。在低等霉菌中，质配后紧接着进行的就是核配，而高等霉菌中，质配后不一定马上进行核配，经常以双核形式存在一段时间，在此期间，双核细胞也可分裂产生双核子细胞。霉菌染色体的基因重组一般发生在核配阶段。

(3)减数分裂阶段。由于霉菌的核是以单倍体的形式存在，故二倍体的核还需进行减数分裂才能使子代的染色体数与亲代保持一致，即恢复到原来的单倍体状态。多数霉菌在核配后立刻进行减数分裂，形成各种类型的单倍体有性孢子，但也有少数种类霉菌像酵母菌那样能以二倍体的合子形式存在一段时间，此现象常见于接合菌亚门中的霉菌。

经过上述三个阶段，霉菌最终以有性孢子完成繁殖全过程。在霉菌中，有性繁殖不及无性繁殖普遍，仅发生于特定条件下，在特殊的培养基上出现。常见的真菌有性孢子有卵孢子、接合孢子、子囊孢子和担孢子。

(1)卵孢子。卵孢子由两个大小不同的配子囊结合发育而成。小型配子囊称为雄器，大型的配子囊称为藏卵器。藏卵器中的原生质收缩成一个或数个原生质团，称为卵球。当雄器与藏卵器配合时，雄器中的细胞质和细胞核通过受精管而进入藏卵器与卵球配合，此后卵球生出外壁即卵孢子。卵孢子的数量取决于卵球的数量。

(2)接合孢子。接合孢子由菌丝生出的形态相同或略有不同的配子囊接合而成。接合孢子的形成过程是两个相邻的菌丝相遇，各自向对方生出极短的侧枝，称为原配子囊。原配子囊接触后，顶端各处膨大并形成横隔，即配子囊，配子囊下面的部分称为配囊柄。相接触的两个配子囊之间的横隔消失，其细胞质与细胞核互相配合，同时外部形成厚壁，即接合孢子。在适宜的条件下，接合孢子可萌发成新的菌丝体。真菌接合孢子的形成有同宗配合和异宗配合两种方式。同宗配合是雌雄配子囊来自同一个菌丝体；异宗配合是两种不同质菌系的菌丝相遇后形成的。

(3)子囊孢子。子囊孢子形成于子囊中，先是同一菌丝或相邻两菌丝上的两个大小和形状不同的性细胞互相接触并互相缠绕，接着两个性细胞经过受精作用后形成分枝的菌丝，称为造囊丝。造囊丝经过减数分裂，产生子囊，每个子囊产生 2～8 个子囊孢子。在子囊和子囊孢子的发育过程中，许多菌丝有规律地将产囊丝包围，于是形成了子囊果。子囊果有三种类型：第一种为完全封闭圆球形，称为闭囊壳；第二种有孔，称为子囊壳；第三种呈盘状，称为子囊盘。子囊孢子成熟后即被释放出来，子囊孢子的形状、大小、颜色、纹饰等差别很大，多用于子囊菌的分类依据。

(4)担孢子。担孢子是担子菌产生的有性孢子。在担子菌中，两性器官多退化，以菌丝结合的方式产生双核菌丝，在双核菌丝的两个核分裂之前可以产生钩状分枝而形成锁状联合。双核菌丝的顶端细胞膨大为担子，担子内两个不同性别的核配合后形成一个二倍体的细胞核，经减数分裂后形成 4 个单倍体的核；同时，在担子的顶端长出 4 个小梗，小梗顶端稍微膨大，最后 4 个核分别进入小梗的膨大部位，形成 4 个外生的单倍体的担孢子。担孢子多为圆形、椭圆形、肾形和腊肠形等。

(四)霉菌的菌落

霉菌的菌落是由分枝状菌丝体组成的，由于菌丝较粗而长，形成的菌落通常比较大、干燥、不透明、比较疏松，常呈现绒毛状、棉花样絮状或蜘蛛网状，同一菌落不同部位的颜色常常不同。有些霉菌(如根霉、毛霉、链孢霉)的菌丝生长很快，在固体培养基表面迅速蔓延，以致菌落没有固定大小。有不少种类的霉菌其生长有一定的局限性，形成的菌落较小，如青霉和曲霉。菌落表面常呈现肉眼可见的不同结构和色泽特征，这是因为霉菌形成的孢子有不同的形状、构造和颜色。有的产生水溶性色素可分泌到培养基中，使菌落背面出现不同颜色。一些生长较快的霉菌菌落，其菌丝生长向外扩展，所以，菌落中部的菌丝菌龄较大，而菌落边缘的菌丝是最幼嫩的。同一种霉菌，在不同成分的培养基上形成的菌落特征可能有变化；但各种霉菌在一定的培养基上形成的菌落大小、形状、颜色等相对是比较一致的。因此，菌落特征也是霉菌鉴定的主要依据之一(见图 2-9)。

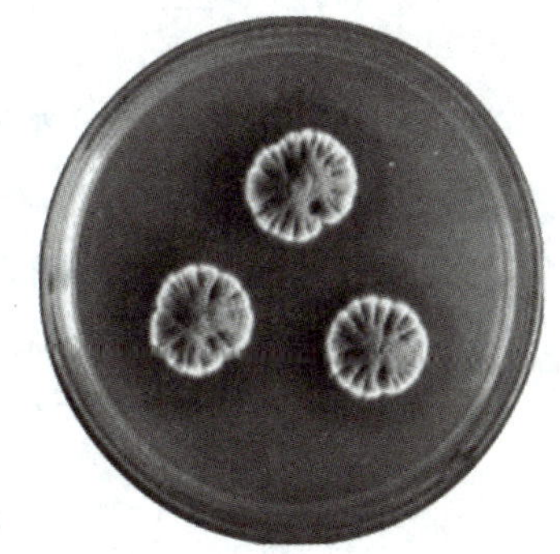

图 2-9　霉菌的菌落形态

三、酵母菌

酵母菌是人类文明史中第一种“家养”的微生物，是被应用的最早的微生物，在酿造、食品、医药工业等方面占有重要地位。早在 3 000 多年前的殷商时代，我国劳动人民就能够使用酵母酿酒。后来，人们陆续用酵母来发酵果汁、制作面包和馒头等食物；提取核苷酸、辅酶 A、细胞色素 C、核黄素等贵重药物；生产维生素、有机酸等。

酵母菌是一群单细胞的真核微生物，通常为以芽殖或裂殖来进行无性繁殖的单细胞真菌，极少数可产生子囊进行有性繁殖。酵母菌是通俗名称，并不是分类学上的名称，而是一类以出芽繁殖为主要特征的单细胞真菌的统称，在真菌分类系统中属于子囊菌亚门、担子菌亚门和半知菌亚门。酵母菌主要分布于含糖量较高的偏酸性环境中，如水果、蔬菜、花蜜及植物叶子上，尤其是葡萄园和果园的上层土壤中较多，而油田和炼油厂附近土层中也分离到能利用烃类的酵母菌。它们大多数为腐生菌，少数为寄生菌。

(一)酵母菌的形态特征

酵母菌为单细胞，其形态通常有球形、卵圆形、椭圆形，也有柠檬形、香肠形、三角形、腊肠形等。细胞一般比细菌大得多，一般为(1～5) μm×(5～30) μm。各种酵母菌有其一定的形态和大小，但也随菌龄、环境条件(如培养基成分)的变化而有差异。一般成熟的细胞大于幼龄细胞，液体培养的细胞大于固体培养的细胞。在一定培养条件下，有些酵母菌(如假丝酵母)在进行一连串的出芽繁殖后，如果子细胞与母细胞不立即分离，其间以极狭小的面积相连，这种藕节状的细胞串称为假菌丝。

(二)酵母菌的细胞结构

酵母菌具有典型的真核细胞结构，包括细胞壁、细胞膜、细胞核、细胞质、内质网、核糖体、液泡、线粒体等(见图 2-10)。

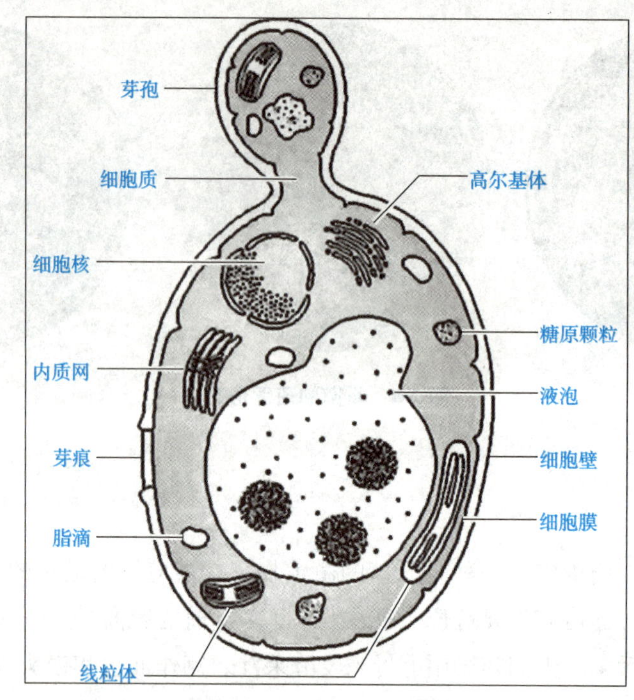

图 2-10　酵母菌的细胞结构

(1)细胞壁。细胞壁厚约为 25 nm，约占细胞干质量的 25%，是一种坚韧的、呈三明治状排列的结构。其化学组成主要是外层为甘露聚糖，内层为葡聚糖，其间夹有一层蛋白质分子。葡聚糖与细胞膜相邻，是细胞壁的主要成分，赋予细胞壁以机械强度。在芽痕周围存在少量的几丁质成分。

(2)细胞膜。细胞膜的主要成分是蛋白质、类脂和糖类，是双磷脂层构造，上下两层为磷脂分子，其间镶嵌着蛋白质和甾醇。磷脂的亲水部分排列在膜的外侧，疏水部分排列在膜的内侧。细胞膜是一层半透膜，能够从外界吸收营养物质，也能够防止细胞质中低分子化合物的泄露及代谢产物在细胞内的过量积累。

(3)细胞核。细胞核具有多孔核膜包裹的定形细胞核，上面有大量的核孔，是其遗传信息的主要储存库。除细胞核外，在酵母的线粒体和环状的“2 μm 质粒”中也含有 DNA。线粒体中的 DNA 是一个环状分子，类似原核生物中的染色体，可以相对独立地进行复制。“2 μm 质粒”是 1967 年在啤酒酵母中发现的，可以作为外源 DNA 片段的载体，并通过转化而完成组建“工程菌”等重要遗传工程研究。

(4)细胞质。细胞质位于细胞膜和细胞核之间，是透明、黏稠、不断流动的溶胶，内含丰富的酶类、各种内含物及代谢产物，是细胞进行代谢活动的主要场所。

(5)细胞内含物。在成熟的酵母细胞中经常能观察到一个或多个大小不等的液泡，内含水解酶、聚磷酸、类脂及金属离子等，起着调节渗透压的作用。在有氧的条件下，酵母

菌细胞内会形成许多的线粒体，外形呈杆状或球状，由双层膜单位构成，内膜经折叠后形成嵴，其上分布着参与电子传递和氧化磷酸化的酶，是细胞进行氧化磷酸化的场所。内质网是分布在整个细胞中的由膜构成的管道和网状结构，起着物质传递的作用，还能合成脂类和脂蛋白。核糖体分布在内质网上，负责细胞内蛋白质的合成。

(二)酵母菌的繁殖

酵母菌的繁殖方式有多种类型。与原核细胞相比，酵母菌除能进行无性繁殖外，还能进行有性繁殖。只能进行无性繁殖的酵母菌称为假酵母；能进行有性繁殖的酵母菌称为真酵母，繁殖方式对酵母菌的鉴定极为重要。

1. 无性繁殖

(1)芽殖。芽殖是酵母菌最常见的繁殖方式(见图 2-11)。出芽方式有单边出芽、两端出芽、三边出芽和多边出芽。在良好的营养和生长条件下，酵母生长迅速，细胞核邻近的中心体产生一个小凸起；同时，由于水解酶对细胞壁多糖的分解使细胞壁变薄，细胞表面向外凸出，逐渐冒出小芽。然后，部分增大和伸长的核、细胞质、细胞器(如线粒体等)进入芽内，最后芽细胞从母细胞得到一整套核物质、线粒体、核糖体、液泡等，当芽体达到最大体积时，它与母细胞相连部位形成了一块隔壁。最后，母细胞与子细胞在隔壁处分离，成为一个独立的细胞。于是，在母细胞上就留下一个芽痕，而在子细胞上就相应地留下一个蒂痕。一个细胞只能有一个蒂痕，可以有许多个芽痕，而且可以通过芽痕的数目，判断酵母菌的年龄。

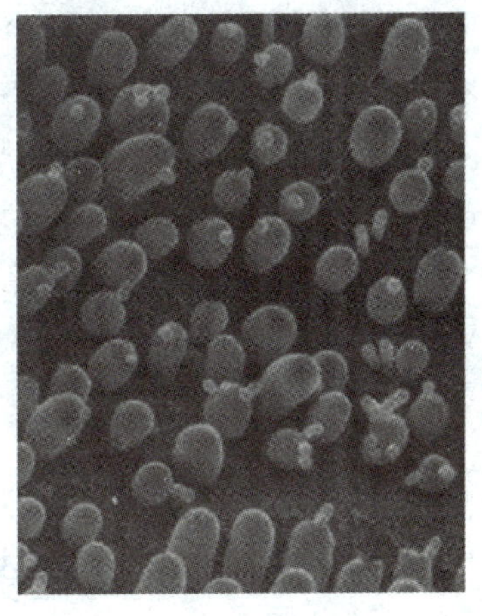

图 2-11 酵母菌的芽殖

(2)裂殖。酵母菌的裂殖与细菌的裂殖相似。其过程是细胞伸长，核分裂为二，然后细胞中央出现隔膜，可将细胞横分为两个相等大小的、各具有一个核的子细胞。进行裂殖的酵母菌种类很少，如裂殖酵母属的八孢裂殖酵母等。

(3)无性孢子繁殖。掷孢子是掷孢酵母属等少数酵母菌产生的无性孢子，外形呈肾状。这种孢子是在卵圆形的营养细胞上生出的小梗上形成的。孢子成熟后，通过一种特有的喷射机制将孢子射出而繁殖。此外，有的酵母(如白假丝酵母等)还能通过在假菌丝的顶端产生厚垣孢子或掷孢子的方式进行无性繁殖。

2. 有性繁殖

酵母菌是以形成子囊和子囊孢子的方式进行有性繁殖的。不同种类的酵母菌通过有性繁殖形成的子囊结构并不完全相同，在形态上有较大的差异。子囊内产生子囊孢子，子囊孢子的数目也随菌种而异，有的为 4 个，有的为 8 个。它们一般通过邻近的两个性别不同的细胞各自伸出一根管状的原生质突起，然后相互接触，局部融合并形成一个通道，再通过质配、核配和减数分裂，形成子核，每个子核与其附近的原生质结合，在其表面形成一层孢子壁后，就形成了一个子囊孢子，而原有的营养细胞就成了子囊。由于多数酵母菌都能以子囊孢子进行有性繁殖，故子囊菌亚门中的酵母菌种类最多。

(四)酵母菌的菌落

大多数酵母菌的菌落特征与细菌的类似，但比细菌菌落大，而且厚，表面光滑、湿润、黏稠，容易挑起，质地均匀，正面和反面、中央和边缘的颜色一致，多为乳白色，少数为红色，个别为黑色。另外，凡不产生假菌丝的酵母菌，其菌落更为隆起，边缘圆整，而会产生假菌丝的酵母，则菌落较平坦，表面和边缘较粗糙。酵母菌的菌落一般还会散发出一股悦人的酒香味。

能力进阶

依据1+X粮农食品安全评价职业技能等级证书中微生物检测安全评价的技能要求，对微生物常见类型及特点，应巩固以下问题：

知识题：1. 细菌有哪几种形态？说明细菌的基本结构和特殊结构及其生理功能。

2. 酵母菌细胞的主要特征有哪些？

3. 霉菌细胞的结构特征有哪些？

技能题：显微镜下观察并区分细菌、酵母菌和霉菌。

任务三　细菌的简单染色

任务描述

通过微生物的显微观察可以发现显微镜镜头下的细菌个体很小，而且是透明的，形态观察有难度，为了更清楚地观察细菌形态，可以将其染色。实验室现有一金黄色葡萄球菌，请对其进行简单染色并观察其形态。

任务目标

1. 掌握简单染色的原理，能够熟练进行简单染色。
2. 掌握微生物制片技术，能够熟练制作涂片。
3. 理解无菌操作的实质，准确进行无菌操作。
4. 严格执行无菌操作，增强无菌意识和安全意识。

任务准备

1. 知识准备：细菌的简单染色原理及无菌操作相关知识。
2. 材料准备：显微镜、香柏油、二甲苯、擦镜纸、接种环、酒精灯、载玻片、盖玻

片、无菌水、吸水纸、大镊子等。

3. 菌种准备：细菌菌悬液。

4. 染液准备：草酸铵结晶紫染液、石炭酸复红染液、吕氏碱性美蓝染液。

序号	染液	配制
1	草酸铵结晶紫染液	A液：结晶紫 2.0 g，95%乙醇 20 mL； B液：草酸铵 0.8 g，蒸馏水 80 mL； 将A液和B液混合后，静置 48 h后使用
2	石炭酸复红染液	A液：碱性复红 0.3 g，95%乙醇 10 mL； B液：石炭酸 5.0 g，蒸馏水 95 mL； 将A液和B液混合摇匀，过滤后使用
3	吕氏碱性美蓝染液	A液：美兰 0.6 g，95%乙醇 30 mL； B液：氢氧化钾 0.01 g，蒸馏水 100 mL； 将A液和B液混合摇匀，备用

任务实施

微课：细菌简单染色

序号	实施步骤	实施内容	操作要点
1	涂片	取洁净无油的载玻片，在无菌条件下滴一小滴无菌水于玻片中央，用接种环以无菌操作挑取待观察菌体于水滴中，混合均匀并涂成薄膜	滴无菌水和取菌时不宜过多，且涂抹要均匀，不宜过厚
2	干燥	将上述涂片置于桌面上，使其自然干燥。也可将涂面朝上，在酒精灯上方稍微加热，使其干燥	使用酒精灯干燥时，切勿离火焰太近，以免温度太高破坏菌体形态
3	固定	手持或用试管夹夹住载玻片一端，涂有细菌标本的一面朝上，将载玻片在酒精灯外焰来回快速通过 3～5 次，使细菌固定于载玻片上	热固定时，以载玻片不烫手为宜
4	染色	将玻片平放于玻片搁架上，滴加染液 1～2 滴于涂片上。使用吕氏碱性美蓝染液染色 1～2 min，石炭酸复红或草酸铵结晶紫染液染色约 1 min	染色时，以染液刚好覆盖涂片薄膜为宜，合理控制染色时间

续表

序号	实施步骤	实施内容	操作要点
5	水洗	倾去染液，用自来水从载玻片一端轻轻冲洗，直至从涂片上流下的水为无色透明为止	水洗时，水流不要直接冲洗涂面。水流不宜过急、过大，以免涂片薄膜脱落
6	干燥	甩去载玻片上的水珠，自然干燥、电吹风吹干或用吸水纸吸干均可	用吸水纸吸干时，切勿用力擦拭，以免擦去菌体
7	镜检	待涂片干后进行镜检	涂片必须完全干燥后才能进行镜检
8	清理	试验完毕后，擦净显微镜并复原，将载玻片放置消毒缸中清洗干净后备用，整理实验台	带菌的载玻片应灭菌后再清洗

安全贴士

1. 酒精灯在使用前应认真检查是否完好，灯内酒精不可过少，防止引起炸裂。
2. 使用酒精灯时，应保持安全距离，防止烫伤或烧伤。

实施报告

细菌的简单染色实施报告

检验项目		检验日期	
物镜	高倍镜	油镜	
微生物形态			
放大倍数			
微生物形态特点：			
染色结果：			

续表

遇到问题及解决方法：	
检验员：	日期：
复核人：	日期：

任务评价

内容	评分标准	分值	得分
试验准备	工作服穿戴整齐	2	
	试验试剂耗材准备齐全	3	
无菌操作	在酒精灯旁操作、接种环灼烧充分、无菌操作准确	10	
涂片	细菌涂抹均匀，菌膜厚度适宜	5	
干燥	选择适宜的方式进行干燥	5	
固定	菌膜朝上，匀速通过酒精灯火焰	5	
染色	染液添加量适宜，染色时间合理	10	
水洗	冲洗操作准确，菌膜没有冲掉	10	
干燥	选择适宜的方式进行干燥	15	
镜检	涂片干燥后进行镜检，正确使用显微镜	5	
实施报告	报告填写认真、字迹清晰	5	
	微生物形态绘制准确，染色结果准确	10	
清洁整理	清洁并整理实验台	5	
综合素养	严格执行无菌操作，培养无菌意识和安全意识	10	
得分合计			

知识链接　简单染色法和无菌操作

一、简单染色法

细菌体积小且透明，而且含有大量水分，对光线的吸收和反射与水溶液相差不大，与周围背景没有明显的反差，难以观察它们的形状。经过染色作用，使经染色后的菌体与背景形成明显的色差，就能清楚地观察到其形态结构，还可以鉴别革兰染色特性、鉴别微生物类型、区分死菌和活菌等。

简单染色法利用单一染料对细菌进行染色，使经染色后的菌体与背景形成明显的色差，从而能更清楚地观察到其形态和结构。此法操作简便，适用于菌体的一般形状和细菌排列的观察。

简单染色法常用的染料是碱性染料，因为在中性、碱性或弱酸性溶液中，细菌细胞通常带负电荷，而碱性染料在电离时，其分子的染色部分带正电荷，因此碱性染料的染色部分很容易与细菌结合使细菌着色。常用染料有吕氏碱性美蓝染液、石炭酸复红染液或草酸铵结晶紫染液。

染色前必须固定细菌，其目的：一是杀死细菌，固定细胞结构；二是保证菌体能牢固黏附在载玻片上，防止被水冲洗掉；三是改变细胞的通透性，因为死的原生质比活的原生质更易于染色，增加了菌体对染料的亲和力。加热可以使细菌细胞的蛋白质凝固，从而固定细菌的细胞形态，并使之牢固黏附在载玻片上。

二、无菌操作

用于防止微生物进入人体组织或其他无菌范围的操作技术称为无菌操作。微生物的培养容器的表面是带有微生物的，取菌时打开器皿就有可能引起器皿内部被环境中的其他微生物污染。因此，微生物试验的操作应该在无菌条件下进行。一般在火焰附近进行无菌操作，或在无菌接种箱或无菌操作室内进行操作。

常用的工具有接种针、接种环和接种钩等(见图 2-12)。这些工具一般采用易于迅速加热和冷却的镍铬合金等金属制备，使用时用火焰灼烧灭菌，转移液体培养物时可采用无菌吸管或移液枪。

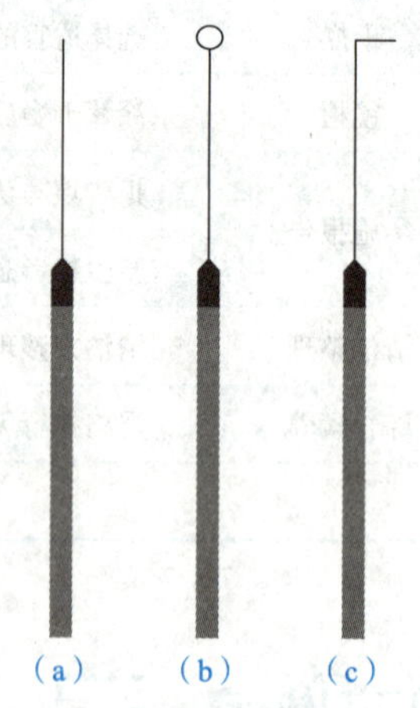

图 2-12　常用无菌操作工具

(a)接种针；(b)接种环；(c)接种钩

涂片时的无菌操作如下：

(1)点燃酒精灯，将接种环反复灼烧 3 次以上，冷却。

(2)在火焰旁的无菌区域内拔去斜面的棉塞，将试管口过火灭菌。

(3)将接种环伸入试管内部挑取适量的菌种，将试管管口棉塞过火，塞好棉塞，将试管放到试管架上。

(4)将细菌在生理盐水中涂布均匀。

(5)将接种环置于火焰上灼烧，彻底灭菌。

无菌操作如图 2-13 所示。

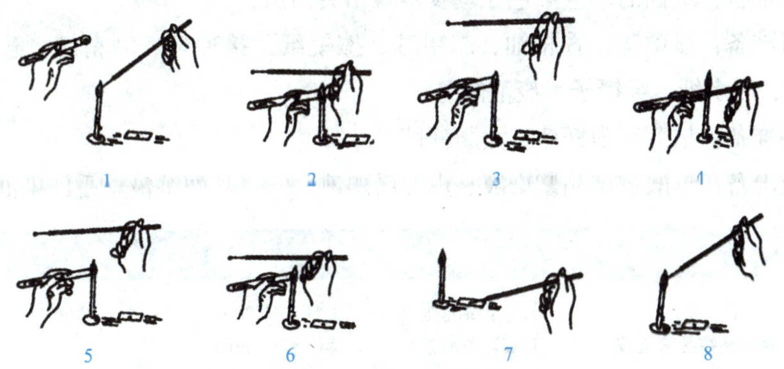

图 2-13　无菌操作

1—灼烧接种环；2—拔去棉塞；3—试管口过火；4—挑取菌种；5—试管口再次过火；6—塞好棉塞；7—涂片；8—灼烧灭菌

能力进阶

依据 1+X 粮农食品安全评价职业技能等级证书中微生物检测安全评价的技能要求，简单染色应巩固以下问题：

知识题：1. 染色时如何进行无菌操作？

2. 涂片后为什么要进行固定？如果不经固定会出现什么问题？

3. 为什么涂片要完全干燥后才可以用油镜观察？

4. 进行简单染色时需注意哪些问题？

技能题：设计试验方案，对醋酸菌进行简单染色观察。

任务四　细菌的革兰染色

任务描述

实验室有两种待检测菌种，分别是枯草芽孢杆菌和大肠杆菌，作为检验人员，请利用革兰染色法进行染色观察，并根据染色结果进行菌种鉴别。

任务目标

1. 熟悉革兰染色原理。
2. 掌握革兰染色流程，能够熟练进行操作。
3. 能够根据革兰染色结果判断细菌类别。
4. 严格执行无菌操作，增强无菌意识和安全意识。

任务准备

1. 知识准备：细菌的革兰染色原理及步骤相关知识。

2. 材料准备：显微镜、香柏油、二甲苯、擦镜纸、接种环、酒精灯、载玻片、盖玻片、无菌水、吸水纸、大镊子、废液缸等。

3. 菌种准备：枯草芽孢杆菌、大肠杆菌。

4. 染液准备：草酸铵结晶紫染液、卢戈氏碘液、95%乙醇溶液、番红染液。

序号	染液	配制
1	草酸铵结晶紫染液	A液：结晶紫 2.0 g，95%乙醇 20 mL； B液：草酸铵 0.8 g，蒸馏水 80 mL； 将A液和B液混合后，静置 48 h后使用
2	卢戈氏碘液	碘化钾 2.0 g，碘 1.0 g，蒸馏水 300 mL； 将碘化钾溶解在少量水中，再将碘溶解在碘化钾溶液中，待碘全部溶解后，补足水分
3	95%乙醇溶液	95%乙醇溶液直接使用即可
4	番红染液	番红 0.25 g，95%乙醇 10 mL，蒸馏水 90 mL； 将番红用 95%乙醇溶解，加蒸馏水混合即可

任务实施

微课：细菌的革兰染色

序号	实施步骤	实施内容	操作要点
1	涂片	取一洁净载玻片，先滴一小滴无菌水于载玻片中央，然后用接种环以无菌操作的方式取少量菌体轻轻混入水中，涂成一薄层，一般直径以 1 cm 大小范围为宜，并使细胞均匀分散	菌种宜选用幼龄的细菌，革兰阳性菌一般培养 12～16 h，大肠杆菌培养 24 h 为宜，若菌龄太老，菌体死亡或自溶常使革兰阳性菌转成阴性
2	干燥	在空气中令其自然干燥，或在酒精灯上稍微加热，使之迅速干燥	使用酒精灯干燥时，切勿离火焰太近，以免温度太高破坏菌体形态
3	固定	把涂有细菌的面朝上，在酒精灯火焰上通过 3 次，以杀死菌体细胞及改变其对染色剂的通透性，同时使涂片的菌体紧贴载玻片，不易脱落	热固定时，以载玻片不烫手为宜

续表

序号	实施步骤	实施内容	操作要点
4	初染	滴加草酸铵结晶紫染液，染液以刚好将菌膜覆盖为宜。染色1～2 min，倾去染色液，细水冲洗至洗出液为无色	染色的时间应根据季节、气温调整，一般冬季时间可以稍长些，夏季稍短些
5	媒染	用卢戈氏碘液媒染约1 min，水洗	碘液配制后应装在密闭的棕色瓶内储存。如因储存不当，试剂由原来的红棕色变成淡黄色，则不宜再用
6	脱色	用滤纸吸去载玻片上的残水，将载玻片倾斜，在白色背景下，用滴管流加95%乙醇脱色，直至流出的乙醇无紫色时，立即水洗，终止脱色，将载玻片上的水甩净。也可将95%乙醇滴加于菌膜上，不停晃动，使乙醇与菌膜充分接触，脱色20～30 s	脱色时间要适宜。脱色不足，阴性菌会被误染成阳性菌；脱色过渡，阳性菌会被误染成阴性菌
7	复染	在涂片上滴加番红染液复染1～2 min，水洗，然后用吸水纸吸干	染色时间要适宜
8	干燥	甩去载玻片上的水珠，自然干燥、电吹风吹干或用吸水纸吸干均可	用吸水纸吸干时，切勿用力擦拭，以免擦去菌体
9	镜检	用油镜观察，判断两种菌体染色反应性	菌体被染成紫色的是革兰阳性菌(G^+)，被染成红色的为革兰阴性菌(G^-)
10	清理	试验完毕后，擦净显微镜并复原，将载玻片放置消毒缸中清洗干净后备用，整理实验台	带菌的载玻片应灭菌后再清洗

安全贴士

1. 载玻片使用时应小心，防止压碎或打碎，造成玻璃割伤及伤口感染。
2. 使用酒精灯时，应保持安全距离，防止烫伤或烧伤。

实施报告

细菌的革兰染色实施报告

检验项目		检验日期	
微生物	枯草芽孢杆菌	大肠杆菌	
微生物形态			

续表

放大倍数		
染色结果		
微生物形态特点： 染色结论：		
遇到问题及解决方法：		
检验员： 复核人：	日期： 日期：	

任务评价

内容	评分标准	分值	得分
试验准备	工作服穿戴整齐	2	
	试验试剂耗材准备齐全	3	
无菌操作	在酒精灯旁操作、接种环灼烧充分、无菌操作准确	10	
涂片	细菌涂抹均匀，菌膜厚度适宜	5	
干燥	选择适宜的方式进行干燥	4	
固定	菌膜朝上，匀速通过酒精灯火焰	5	
初染	使用草酸铵结晶紫染液进行初染，染色时间合理	6	
媒染	使用卢戈氏碘液进行媒染，染色时间合理	6	
脱色	脱色时间适宜，脱色充分	8	
复染	使用番红进行复染，染色时间合理	6	
干燥	选择适宜的方式进行干燥	5	
镜检	涂片干燥后进行镜检，正确使用显微镜	10	
实施报告	报告填写认真、字迹清晰	5	
	微生物形态绘制准确，染色结果及结论准确	10	
清洁整理	清洁并整理实验台	5	
综合素养	严格执行无菌操作，培养无菌意识和安全意识	10	
得分合计			

知识链接　革兰染色法

革兰染色法是细菌学中广泛使用的一种鉴别染色法，是 1884 年由丹麦病理学家革兰(C. Gram)所创立的。革兰染色法不仅能观察到细菌的形态，还可将所有的细菌区分为革兰阳性菌(G^+)和革兰阴性菌(G^-)两大类。革兰染色法之所以能将细菌分为两类，主要是由于这两类菌的细胞壁结构和成分不同。

细菌细胞壁的基本组成成分是肽聚糖。G^+ 细菌细胞壁较厚且具有致密的肽聚糖层，可达 20 多层，占细胞壁干质量的 40%～90%，同细胞膜的外层紧密相连。有的 G^+ 细菌细胞壁中含有磷壁酸，磷壁酸可分为壁磷壁酸和膜磷壁酸。磷壁酸带有负电荷，在细胞表面能调节阳离子浓度。磷壁酸与细胞生长有关，细胞生长中的自溶素可分解细胞某些结构组成成分，磷酸对自溶素有调节功能，从而阻止细胞壁过度降解和自溶(见图 2-14)。

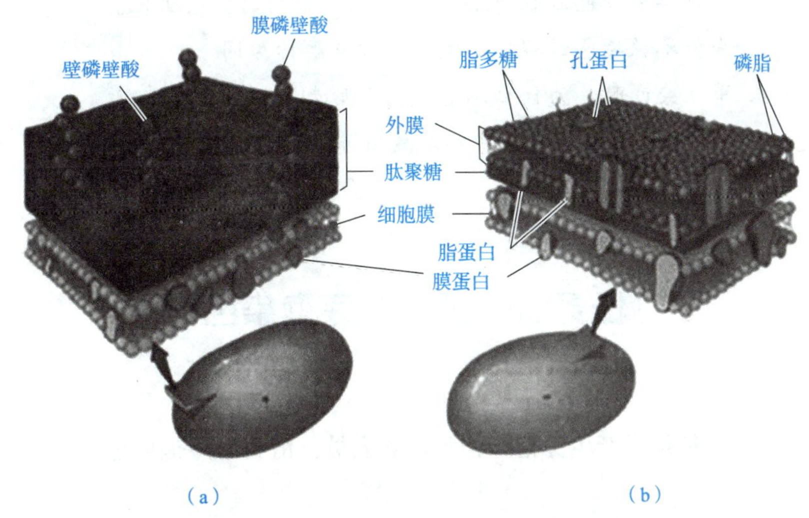

图 2-14　G^+ 细菌和 G^- 细菌的细胞壁结构图

(a)革兰阳性菌(G^+ 细菌)；(b)革兰阴性菌(G^- 细菌)

G^- 细菌细胞壁比 G^+ 细菌细胞壁薄，但其结构较复杂，可分为外膜和肽聚糖层，在细胞壁和细胞膜之间有一个明显的空间被称为壁膜间隙。外膜的基本成分是脂多糖，同细胞膜的相同之处在于它也是双层磷脂，但除磷脂外还有多糖和蛋白质。外膜中的蛋白质有脂蛋白、通透蛋白等，有些蛋白具有通孔作用，可以调节外界分子进入细胞，有的蛋白分子可以作为噬菌体的受体。G^- 细菌细胞壁的肽聚糖层很薄，在大肠杆菌和其他细菌中仅有单层，肽聚糖层和外膜的内层之间通过脂蛋白连接起来。壁膜间隙中有一层薄的肽聚糖处于其间，肽聚糖层和细胞膜之间的间隙较宽，不同细菌的壁膜间隙不同。壁膜间隙中含有三类蛋白质：水解酶，催化物质的初步降解；结合蛋白，启动物质转运过程；化学受体，在趋化性中起作用的蛋白。

经草酸铵结晶紫染液染色的细胞用碘液处理后形成较大分子的不溶性结晶紫和碘的复合物，乙醇能使它溶解，所以染色的前两步结果是一样的。在 G^+ 细菌细胞中，乙醇还能使厚的交联度较大的肽聚糖层脱水，导致细胞壁上孔隙变小，由于结晶紫和碘的复合物分子太大，不能通过细胞壁孔隙，细胞壁保持着紫色；在 G^- 细菌细胞中，乙醇处理不但溶解破坏了细胞壁外膜的脂质，还可能损伤薄的且交联度较差的肽聚糖层和细胞膜，于是被乙醇溶解的结晶紫和碘的复合物从细胞中渗漏出来，当再用染色液复染时，就呈现出番红的红色。

能力进阶

依据全国职业院校技能大赛"食品安全与质量检测"赛项中微生物检验技能考核要求，选手应熟练利用革兰染色进行细菌染色鉴别，革兰染色应巩固以下问题：

知识题：1. 为什么 G^+ 细菌会被染成紫色？G^- 细菌会被染成红色？

2. 比较革兰染色过程中 G^+ 细菌和 G^- 细菌的颜色变化。

3. 分析革兰染色过程中的关键步骤并解释原因。

4. 革兰染色时，为什么不能使用菌龄太老的细菌？

技能题：设计试验方案，对酸奶中的乳酸菌进行革兰染色观察。

任务五　细菌的芽孢染色

任务描述

为检测待检测菌种是否产生芽孢，作为检验人员，请利用芽孢染色方法对细菌进行芽孢染色并观察。

任务目标

1. 熟悉芽孢特性与染色原理。
2. 掌握芽孢染色流程，能够熟练进行操作。
3. 严格执行无菌操作，增强无菌意识和安全意识。
4. 分析比较两种芽孢染色法的异同，培养科学探究精神。

任务准备

1. 知识准备：细菌的芽孢染色原理及特点相关知识。
2. 材料准备：无菌水、小试管、滴管、烧杯、试管夹、载玻片、盖玻片、显微镜、二甲苯、擦镜纸、废液缸等。
3. 菌种准备：待检测菌种。
4. 染液准备：孔雀绿染液、番红染液。

序号	染液	配制
1	孔雀绿染液	孔雀绿 5.0 g，蒸馏水 100 mL； 将孔雀绿用蒸馏水溶解，制成溶液备用
2	番红染液	番红 0.5 g，蒸馏水 100 mL； 将番红用蒸馏水溶解，制成溶液备用

任务实施

序号	实施步骤	实施内容	操作要点
一	常规 Schaeffer-Fulton 染色法		
1	制片	按照简单染色方法进行涂片、干燥和固定	菌膜要尽可能的“薄、匀、散”
2	染色	滴加 3～5 滴孔雀绿染液于涂片上，用试管夹夹住载玻片一端，在酒精灯上微火加热至染料冒蒸汽但不沸腾时开始计时，维持 5 min。也可不加热，改用饱和孔雀绿染液(浓度约 7.6%)染色 10 min	加热时需及时补充染液，避免涂片蒸干
3	水洗	倾去染液，待载玻片冷却后，用缓流水冲洗至流出的水为无色为止	切勿用水流对着菌膜用力冲洗，避免菌膜被冲掉
4	复染	在涂片上滴加番红染液复染约 1 min，水洗，然后用吸水纸吸干	染色时间要适宜
5	镜检	按照低倍镜、高倍镜、油镜的顺序进行镜检，观察染色结果	芽孢呈绿色，芽孢囊及营养体呈红色
6	清理	试验完毕后，擦净显微镜并复原，将载玻片放置消毒缸中清洗干净后备用，整理实验台	带菌的载玻片应灭菌后再清洗
二	改良 Schaeffer-Fulton 染色法		
1	制备菌悬液	加 1～2 滴无菌水于小试管中，以无菌操作的方式用接种环挑取 2～3 环菌落于试管中，搅拌均匀后制成浓的菌悬液	菌种应掌握好菌龄，一般培养 24 h，以大部分细菌形成芽孢囊为宜
2	染色	滴加 3～5 滴孔雀绿染液于小试管中，并使其与菌悬液混合均匀，将小试管置于沸水浴的烧杯中，加热 15～20 min	合理控制加热时间
3	涂片固定	用接种环挑取试管底部菌液数环于洁净的载玻片上，涂成薄膜并干燥，将涂片匀速通过酒精灯火焰 3 次以固定菌膜	固定时，菌膜朝上，以玻片不烫手为宜
4	水洗	用缓流水进行冲洗，直至流出的水无绿色为止	切勿用水流对着菌膜用力冲洗，避免菌膜被冲掉

续表

序号	实施步骤	实施内容	操作要点
5	复染	用番红染液复染 2～3 min，倾去染液并用滤纸吸干残液	复染后无须进行水洗
6	镜检	按照低倍镜、高倍镜、油镜的顺序进行镜检，观察染色结果	芽孢呈绿色，芽孢囊及营养体呈红色
7	清理	试验完毕后，擦净显微镜并复原，将载玻片放置消毒缸中清洗干净后备用，整理实验台	带菌的载玻片应灭菌后再清洗

安全贴士

1. 进行加热操作时，应使用试管夹或戴隔热手套，防止烫伤。
2. 正确使用电炉或水浴锅，避免产生触电危险。
3. 接触微生物材料时，应戴无菌手套，操作完认真清洗双手。

实施报告

细菌的芽孢染色实施报告

<table>
<tr><td>检验项目</td><td colspan="2"></td><td>检验日期</td><td></td></tr>
<tr><td>方法</td><td>常规 Schaeffer-Fulton 染色法</td><td colspan="3">改良 Schaeffer-Fulton 染色法</td></tr>
<tr><td>微生物形态</td><td></td><td colspan="3"></td></tr>
<tr><td>放大倍数</td><td></td><td colspan="3"></td></tr>
<tr><td>染色结果</td><td></td><td colspan="3"></td></tr>
<tr><td colspan="5">两种染色法比较：</td></tr>
<tr><td colspan="5">遇到问题及解决方法：</td></tr>
<tr><td colspan="5">检验员：　　　　日期：
复核人：　　　　日期：</td></tr>
</table>

任务评价

内容	评分标准	分值	得分
试验准备	工作服穿戴整齐	2	
	试验试剂耗材准备齐全	3	
无菌操作	在酒精灯旁操作、接种环灼烧充分、无菌操作准确	10	
制备菌悬液	菌悬液制备准确，菌体充分混合均匀	10	
制片	细菌涂抹均匀，菌膜厚度适宜，且准确进行热固定	10	
染色	两种方法染色操作准确，时间控制合理	10	
水洗	水洗操作准确，直至流出的水无绿色为止	7	
复染	使用番红进行复染，染色时间合理	8	
镜检	涂片干燥后进行镜检，正确使用显微镜	10	
实施报告	报告填写认真、字迹清晰	5	
	微生物形态绘制准确，染色结果及结论准确	10	
清洁整理	清洁并整理实验台	5	
综合素养	严格执行无菌操作，增强无菌意识和安全意识，具备科学探究精神	10	
得分合计			

知识链接　芽孢

芽孢是有些细菌生长到一定时期，繁殖速度下降，菌体的细胞原生质浓缩而形成的一个圆形、椭圆形或圆柱形的结构。带有芽孢的菌体称为芽孢体，未形成芽孢的菌体称为繁殖体。芽孢具有厚而致密的壁，不易着色，在电子显微镜下可以观察到各种芽孢的表面特征，有的光滑，有的具有脉纹或沟嵴，而且能看到一个成熟的芽孢具有核心、皮层、芽孢衣及孢外壁等多层结构(见图 2-15)。

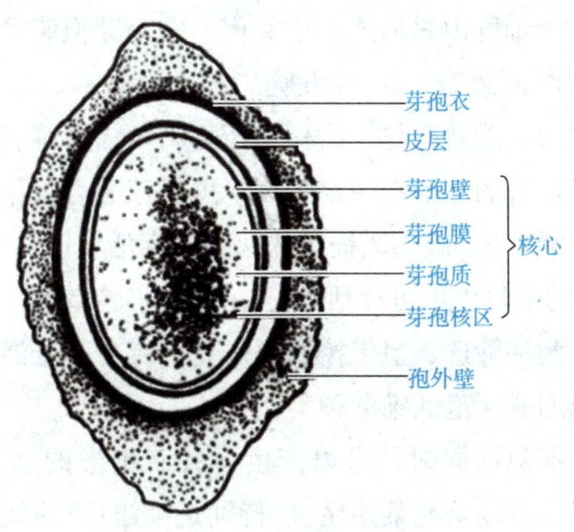

图 2-15　细菌芽孢结构

一种细菌芽孢形成的位置、形状与大小是一定的，因此可以作为细菌鉴定的重要依据。有的细菌芽孢位于细胞中央，有的位于顶端或中央与顶端之间；位于细胞中央的芽孢，当其直径大于细胞宽度时，细胞呈梭状，如丙酮丁醇梭菌；位于细菌细胞顶端的芽苞，当其直径大于细菌的宽度时，细胞呈鼓槌状，如破伤风梭菌。如果芽孢直径小于细菌的宽度，则细胞不变形，如枯草杆菌、蜡样芽孢杆菌等(见图 2-16)。

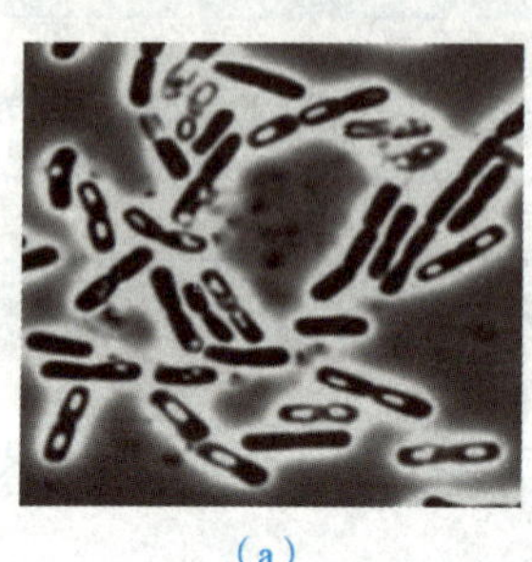

(a)

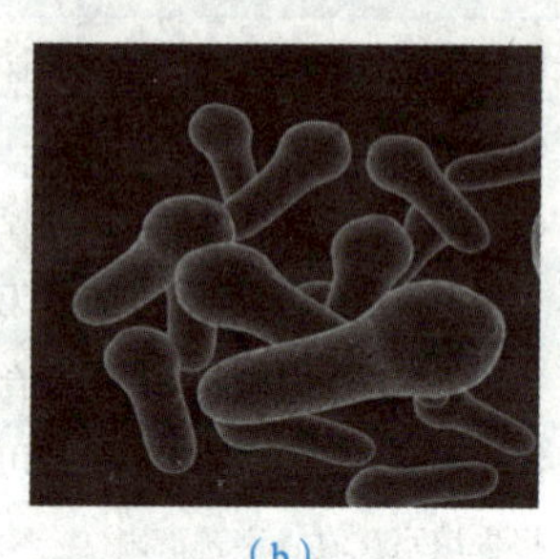

(b)

图 2-16　蜡样芽孢杆菌和破伤风梭菌的芽孢

(a)蜡样芽孢杆菌；(b)破伤风梭菌

细菌的形成芽孢与遗传性有关，杆菌中能形成芽孢的种类较多，而球菌和螺旋菌中只有少数菌种可形成芽孢。芽孢的形成也需要一定的环境条件才能实现，不同菌种形成芽孢所需要的环境条件也不同。大多数的芽孢杆菌是在营养缺乏、温度较高或代谢产物累积等不良条件下，在衰老的细胞内形成的。而有的菌种需要在营养丰富、温度适宜的条件下形成芽孢，如苏云金芽孢杆菌。

芽孢在合适的条件下开始萌发，如在营养、水分、温度等条件适宜时芽孢即可萌发。芽孢萌发的速度很快，一般几分钟内就能完成。芽孢萌发时吸收水分、盐类和其他营养物质而体积胀大，折光率降低，染色性增强，释放 2，6-吡啶二羧酸，耐热性消失，酶活性和呼吸强度提高。孢子壁破裂，通过中部、顶端或斜上方伸出新菌体。最初新菌体的细胞质比较均匀，没有颗粒、液泡等，以后逐渐出现细胞内含物，菌体细胞也恢复正常代谢。芽孢是细菌的休眠体，一个细胞内只形成一个芽孢，一个芽孢萌发也只产生一个营养体。

芽孢的含水率低、壁厚而致密、2，6-吡啶二羧酸含量高，还含有耐热性酶，使芽孢对不良环境有很强的抵抗力，能够耐热、耐化学药物和抗辐射等。芽孢的抗逆性可使其在自然界中度过恶劣的环境，有的芽孢在一定条件下可保存活力数年至数十年之久，如枯草杆菌的芽孢在沸水中可存活 1 h，破伤风梭菌的芽孢可存活 3 h，肉毒梭状杆菌的芽孢则可存活 6 h，即使在 180 ℃的干热中仍可存活 10 min。在实验室里，芽孢是保存菌种的好材料，还可进行细菌形态、菌种筛选、遗传控制等研究。将含菌悬浮液进行热处理，杀死所有营养细胞，可以筛选出形成芽孢的细菌种类。

有些芽孢细菌在产生芽孢的同时，可以产生一种双锥形的结晶内含物，称为伴孢晶体，这是一种蛋白质毒素，可以杀死某些昆虫(特别是鳞翅目)的幼虫。蛋白质晶体的毒性是有高度专一性的，对其他动物与植物完全没有毒性。因此，它们便成为一种理想的生物

杀虫剂，这种杀虫剂的生产，并不需将蛋白质分离出来，只需培养大量细菌，在其形成芽孢并产生晶体时收获、干燥，做成粉剂即可。

由于芽孢具有很强的抗性，因此在生产实践中，是否能杀灭芽孢是衡量和制定各种消毒灭菌标准的主要依据。相对于营养细胞，芽孢对不良环境的抵抗性强得多，常常给科研和生产造成很大损失。但在适宜条件下，芽孢因萌发会丧失抵抗力，因此促进芽孢萌发，可以有效消灭和控制有害微生物，尤其对于发酵工业和食品工业无疑是十分必要的。

芽孢染色法是根据芽孢既难以染色，而一旦染上色后又难以脱色这一特点而设计的。利用细菌的芽孢和菌体对染料的亲和力不同，用不同染料进行着色，使芽孢和菌体呈不同的颜色而便于区别。芽孢壁厚、透性低，着色、脱色均较困难，因此用着色力强的孔雀绿或石炭酸复红，在加热条件下染色。染料不仅进入菌体，也进入芽孢，进入菌体的染料经水洗后被脱色，而芽孢一经染色就难以被水洗脱色。当用对比度大的复染剂染色后，芽孢仍能保留初染剂的颜色，而菌体和芽孢囊被染成复染剂的颜色，使芽孢和菌体更易于区分。

能力进阶

依据1+X粮农食品安全评价职业技能等级证书中微生物检测安全评价的技能要求，芽孢染色应巩固以下问题：

知识题：1. 什么是芽孢？它有哪些特性？

2. 为什么芽孢染色要进行加热？

3. 芽孢染色的结果是什么？为什么？

技能题：设计试验方案，对蜡样芽孢杆菌的芽孢进行染色观察。

微生物的观察考核评价

【考核任务】

挑取给定菌株典型菌落进行革兰染色、镜检(限做1片)，并对菌株形态进行判断[全国职业院校技能大赛高职组“食品安全与质量检测”竞赛食品微生物检验技能考核项目之细菌染色鉴别试题]。

【考核要求】

1. 具备显微镜操作技能，能够熟练使用显微镜进行镜检。
2. 能够熟练进行革兰染色操作，根据染色结果进行细菌鉴别。

【考核实施】

1. 查阅资料，小组讨论并确定试验方案和分工。

2. 确定试验所需的仪器及耗材并清点，完成试验准备工作并填写下表。

试剂	试剂名称	试剂浓度	所需体积	试剂回收
仪器	仪器名称	仪器型号	数量	使用记录
耗材	耗材名称	规格	数量	备注

3. 根据确定的试验方案进行试验。

4. 试验结果。

(1)绘制出油镜下未知菌种的形态并说明染色结果；

(2)根据染色结果判断菌种是 G^+ 还是 G^-；

(3)填写检验报告。

样品名称		检测项目		检测日期	
检测依据和方法					
微生物形态	1. 细菌形态 2. 染色结果				
结果报告					
备注					
检验员： 复核人：			日期： 日期：		

5. 试验整理。将所用试验物品及试剂清洗、整理并归位，清洁实验台。

巩固练习

【考核评价】

一、知识评价

(一)选择题

1. 下列微生物中，属于G^-的细菌是( )。
   A. 保加利亚乳杆菌　B. 嗜热链球菌
   C. 大肠杆菌　D. 枯草杆菌
2. 革兰阴性菌染色后呈( )色。
   A. 紫　B. 红　C. 蓝　D. 透明
3. 显微镜的目镜为10×，物镜为40×，则放大倍数为( )。
   A. 50　B. 30　C. 400　D. 40
4. 革兰染色的关键步骤是( )。
   A. 初染　B. 媒染　C. 脱色　D. 复染
5. 革兰染色初染使用的染料是( )。
   A. 碘液　B. 结晶紫　C. 番红　D. 乙醇
6. 下列微生物中，能进行有性繁殖的是( )。
   A. 链霉菌　B. 枯草杆菌　C. 保加利亚乳杆菌　D. 酵母菌
7. 霉菌的基本形态是( )。
   A. 球状　B. 分枝丝状体　C. 链状　D. 螺旋体
8. 下列细胞器可以作为细菌鉴定依据的是( )。
   A. 芽孢　B. 荚膜　C. 细胞核　D. 质粒
9. 用孔雀石绿和番红对芽孢进行染色，镜检是芽孢呈( )色，菌体呈( )色。
   A. 绿；绿　B. 红；绿　C. 绿；红　D. 红；红
10. 酵母菌细胞壁的主要成分是( )。
    A. 肽聚糖和甘露聚糖　B. 几丁质和纤维素
    C. 葡聚糖和脂多糖　D. 葡聚糖和甘露聚糖

(二)判断题

1. 芽孢的通透性较强，容易着色。( )
2. 芽孢的新陈代谢接近停止，处于休眠状态。( )
3. 霉菌和放线菌细胞均为丝状，故其都为真核微生物。( )
4. 酵母菌的细胞壁主要成分为葡聚糖和甘露聚糖。( )

5. 鞭毛是细菌的特殊结构。 ( )

6. 菌落边缘细胞的菌龄比菌落中心的细胞菌龄短。 ( )

7. 一个酵母菌细胞可以有一个芽痕，一至数十个蒂痕。 ( )

8. 细菌细胞膜的主要成分是磷脂双分子层。 ( )

二、技能考核评分表

考核内容		评价标准	分值	得分
试验准备	工作服	工作服穿戴整齐	2	
	物品准备	试验试剂耗材准备齐全	3	
革兰染色	涂片	载玻片干净无油迹，取菌量适宜，涂片均匀，菌膜厚度适宜	5	
	无菌操作	手部进行消毒，在酒精灯火焰旁操作，接种环正确灭菌，试管口过火	8	
	干燥固定	热固定要迅速，温度不宜过高，以载玻片背面不烫手为宜	5	
	初染	染液刚好覆盖菌膜，染色时间合理，水洗操作准确	10	
	媒染	染液刚好覆盖菌膜，染色时间合理，水洗操作准确	10	
	脱色	脱色时间合理，菌膜没有被冲洗掉	10	
	复染	染液刚好覆盖菌膜，染色时间合理，水洗操作准确	10	
	干燥	吸水纸吸干时不能擦掉菌体	2	
	镜检	先用低倍镜观察，再用高倍镜观察，然后在油镜下观察染色后的细菌形态和所染成的颜色	10	
结果记录	观察	如实绘制油镜下观察到的微生物形态，并注明染色结果	5	
	判断	结果判断准确	5	
试验整理	显微镜复原	先用二甲苯擦拭油镜镜头，然后用擦镜纸擦拭，将镜头转成八字形，载物台下降到最低，盖上防尘罩	2	
	实验台整理	清理使用的耗材，试剂放回原处，打扫实验台	3	
综合素养	团结协作	具有小组合作意识，能够团结协作，各司其职，完成任务	5	
	安全意识	严格执行无菌操作，培养无菌意识和安全意识	5	
得分合计				

【知识梳理】

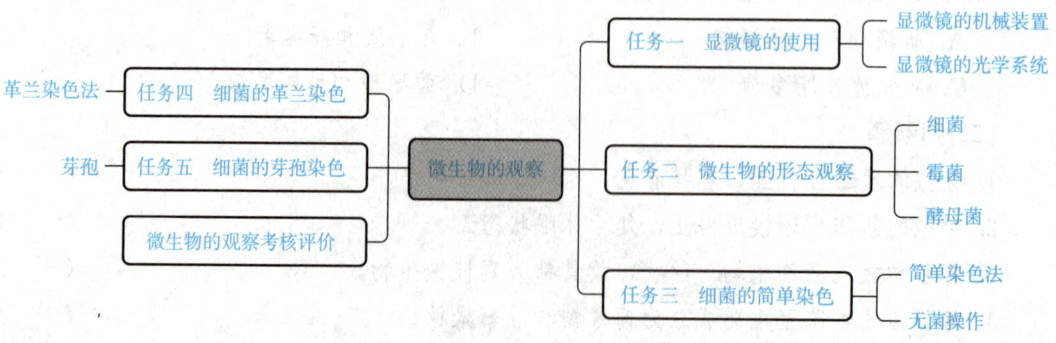

项目三　微生物的培养

项目引导

某微生物实验室欲从混合菌株中筛选分离得到产红色色素的酵母菌，作为检验人员，请对其进行筛选、培养及分离纯化。

启发：1. 微生物生长需要哪些营养物质？其生长受哪些因素影响？

2. 如何配制培养基？

3. 如何进行微生物的分离纯化？

项目分析

<table>
<tr><th>学习目标</th><th>学习任务</th><th>实施建议</th></tr>
<tr><td rowspan="4">1. 熟悉微生物生长所需的营养物质及影响因素；
2. 熟悉培养基的概念及类型；
3. 能够根据微生物营养需求选择适宜的培养基并进行配制；
4. 能够选择合适的方法对微生物进行分离纯化；
5. 树立无菌意识，强化无菌操作，培养节约观念和成本意识</td><td>微生物的营养需求分析</td><td>微生物喜欢“吃”什么？不同类型的微生物吃的“食物”有何不同？通过对微生物营养需求的分析，培养分析问题、解决问题的能力</td></tr>
<tr><td>微生物生长的影响因素</td><td>哪些因素会影响到微生物的生长？在微生物生长过程中应该提供什么样的生长环境？通过不同因素对微生物生长的影响分析，培养分析、归纳、总结的能力</td></tr>
<tr><td>玻璃器皿的包扎与灭菌</td><td>进行微生物检验时，用到的器皿需要进行包扎和灭菌，通过包扎和灭菌，引导树立规范意识和无菌意识，增强安全观念</td></tr>
<tr><td>培养基的配制与灭菌</td><td>我们应该以何种形式将微生物喜欢的“食物”提供给它们？如何将“食物”变为它们喜欢的形式？通过培养基的选择与配制，引导树立成本意识，具备经济节约观念</td></tr>
</table>

续表

学习目标	学习任务	实施建议
1. 熟悉微生物生长所需营养物质及影响因素； 2. 熟悉培养基的概念及类型； 3. 能够根据微生物营养需求选择适宜的培养基并进行配制； 4. 能够选择合适的方法对微生物进行分离纯化； 5. 树立无菌意识，强化无菌操作，培养节约观念和成本意识	微生物的接种	微生物在不同的阶段需要生长在不同的"家"中，如何给微生物搬家呢？通过接种技术的训练，强化无菌操作，培养规范意识
	微生物的分离纯化	如何将一种微生物从众多微生物中分离出来？通过微生物的分离和纯化，引导设计和配制不同的培养基，增强实践能力，培养创新思维
	微生物的显微直接计数	微生物既小又多，如何判断其生长到什么阶段了呢？通过不同计数法的学习培养克服困难的精神，具备积极的工作态度

任务一　微生物的营养需求分析

任务描述

欲从混合菌株中筛选分离出目标菌株——产红色色素的酵母菌，请分析并确定其生长过程中需要提供的营养物质。

任务目标

1. 熟悉微生物的营养需求及营养类型。
2. 能够根据目标菌株的特点选择合适的营养物质。
3. 培养信息处理及分析、解决问题的能力。

任务准备

1. 知识准备：微生物生长所需营养物质及其营养类型相关知识。
2. 材料准备：笔记本电脑、参考书籍、记录本、笔等。

任务实施

序号	实施步骤	实施内容
1	独立思考	酵母菌属于哪种类型的微生物？其特点是什么
2	查阅资料	解决以下问题： 1. 微生物生长过程需要的营养物质种类及作用； 2. 微生物的营养类型

续表

序号	实施步骤	实施内容
3	小组讨论	1. 根据查阅的资料，分析并总结： (1)微生物生长所需营养物质及作用； (2)酵母菌的营养类型及所需营养物质。 2. 每组派一名代表汇报小组讨论结果，其他成员补充
4	总结提升	教师和学生一起分析、修改及确定酵母菌所需营养物质清单

实施报告

微生物的营养需求分析实施报告

检验项目		检验日期	
菌株名称		营养类型	
菌株特点			
所需营养物质	作用		选择物质
遇到问题及解决方法：			
检验员： 复核人：		日期： 日期：	

任务评价

内容	评分标准	分值	得分
独立思考	酵母菌类别和特点总结准确	10	
查阅资料	会根据任务要求查阅相关资料	5	
	能够对资料进行分析处理，筛选出有用信息	10	
小组讨论	能够根据查询的资料，进行分析整理	10	
	思路清晰，条理分明，重点突出	10	
	微生物生长所需营养物质及作用分析准确	5	
	酵母菌的营养类型确定准确	5	
	酵母菌所需营养物质总结准确	10	

续表

内容	评分标准	分值	得分
总结提升	根据教师总结对小组答案进行改进提升	10	
实践报告	报告填写认真、字迹清晰	5	
	各项目填写准确	10	
综合素养	具备信息处理及分析解决问题的能力	10	
得分合计			

知识链接 微生物的营养需求

微生物在自然界中生长繁殖，需要不断地从生活环境中摄取所需要的各种营养物质，合成自身的细胞物质，提供机体进行各种生理活动所需要的能量，保证机体进行正常的生长与繁殖，保证其生命能维持和延续；同时，微生物会将代谢活动产生的废弃物排出体外。凡是能被微生物吸收利用、为其提供能量及构成新细胞成分的物质，称为微生物的营养物质。营养物质是微生物进行生命活动的物质基础。

一、微生物细胞的化学组成

微生物细胞的化学组成与其他生物细胞的组成成分基本一致，从元素组成上看，细胞内都含有碳、氢、氧、氮、磷、硫等主要元素，以及铁、锰、铜、钼、硒、钴等微量元素。主要元素通常占微生物细胞干质量的97％，其他元素只占3％。微生物细胞中的各类化学元素比例常因微生物种类的不同而有所差异，也会随菌龄及培养条件的不同而发生变化。

各种化学元素主要以有机物、无机物和水的形式存在于细胞中。有机物主要包括蛋白质、糖类、脂类、维生素及它们的降解产物和一些代谢产物等；无机物是指参与有机物的结构组成或单独存在于细胞中的无机盐等物质；水是细胞维持正常生命活动所必不可少的物质，一般可占到细胞质量的70％～90％。

二、微生物的营养要素

素养提升

请扫描二维码学习：农业科学的瑰宝——中国古代百科全书《齐民要术》

微生物生长所需要的营养物质主要是以有机物和无机物的形式提供的，小部分营养物质由气体物质供给。微生物的营养物质按其在机体中的生理作用可分为碳源、氮源、能

源、无机盐、生长因子和水六大类。

(一)碳源

凡是能在微生物生长过程中为微生物提供碳素来源的物质被称为碳源(见表 3-1)。碳源是构成细胞物质的主要元素，在细胞内经过一系列变化转化成细胞物质，如糖类、脂类、蛋白质、细胞储藏物质及各种代谢产物，其余均被氧化分解并释放出能量用于维持微生物生命活动所需。微生物的含碳量约占干质量的 50%，是除水外微生物需要量最大的营养物质。

表 3-1　微生物碳源谱

类型	元素水平	化合物水平	培养基原料
无机碳	C·O	二氧化碳	二氧化碳
	C·O·X	碳酸氢钠、碳酸钙	碳酸氢钠、碳酸钙等
有机碳	C·H	烃类	天然气、石油及其不同馏分、液体石蜡等
	C·H·O	糖、有机酸、醇、脂类等	葡萄糖、蔗糖、淀粉、糖蜜等
	C·H·O·N	氨基酸、蛋白质等	氨基酸、明胶等
	C·H·O·N·X	蛋白质、核酸等	牛肉膏、蛋白胨、花生饼粉等

自然界中碳源种类很多，从简单的无机含碳化合物到各种各样复杂的天然有机化合物都可以作为微生物的碳源，但不同的微生物利用含碳物质具有选择性，利用能力有差异。大多数微生物是以有机物作为碳源，也有的只能利用两三种甚至只能利用一种碳源。在试验和生产实践中，糖类是微生物较易利用的碳源物质，其中葡萄糖是最常用的，其次是各种有机酸、醇和脂类等。微生物对碳源物质的选择性利用遵循如下原则：结构简单、相对分子质量小的优先于结构复杂、相对分子质量大的。如单糖优先于双糖、己糖优先于戊糖、纯多糖优先于杂多糖、淀粉优先于纤维素。在发酵工业中使用的碳源常为农副产品和工业废弃物，如马铃薯淀粉、玉米粉、工业废糖蜜、甘薯粉、麸皮、米糠、酒糟、木屑、植物秸秆等。

(二)氮源

凡是能在微生物生长过程中为微生物提供氮素来源的物质被称为氮源(见表 3-2)。微生物细胞中含氮量为 5%～13%，它对微生物的生长发育有着重要的意义。微生物利用它在细胞内合成氨基酸和碱基，进而合成蛋白质、核酸等细胞成分及含氮的代谢产物。氮源一般不提供能量，只有少数的化能自养型细菌可利用铵盐、硝酸盐作为氮源的同时，通过氧化产生代谢能为生命活动提供能源。

表 3-2　微生物氮源谱

类型	元素水平	化合物水平	培养基原料
分子氮	N	氮气	空气
无机氮	N·O	硝酸盐等	硝酸钾等
	N·H	氨气、铵盐等	硫酸铵等

续表

类型	元素水平	化合物水平	培养基原料
有机氮	N·C·H·O	尿素、氨基酸、蛋白质等	尿素、蛋白质、明胶等
	N·C·H·O·X	蛋白质、核酸等	牛肉膏、酵母膏、蚕蛹粉等

氮源在自然界中主要以游离氮气、无机氮化物和有机氮化物的形式存在，如蛋白质及其各类降解产物、铵盐、硝酸盐、亚硝酸盐、分子态氮、嘌呤、嘧啶、脲、酰胺、氰化物等。实验室和发酵工业中常使用的氮源有牛肉膏、酵母浸膏、玉米浆、豆饼粉、花生饼粉、蚕蛹粉、鱼粉、铵盐、硝酸盐等。微生物对氮源的利用具有选择性，一般铵离子优先于硝酸盐，氨基酸优先于蛋白质。简单氮化物可以直接被微生物快速吸收利用，称为速效氮源；复杂有机氮化物需经胞外酶分解成简单氮化物才能成为有效态氮源被微生物吸收利用，称为迟效氮源。速效氮源有利于菌体的生长；迟效氮源有利于代谢产物的合成。例如，土霉素产生菌利用玉米浆比利用豆饼粉和花生饼粉的速率快，主要是因为玉米浆中的氮源物质以较易吸收的氨基酸的形式存在，氨基酸可通过转氨作用直接被机体利用；豆饼粉和花生饼粉中的氮源物质主要以大分子蛋白质的形式存在，需要进一步降解成小分子的肽和氨基酸后才能被微生物吸收利用，因而对其利用速率较慢。在实际的发酵生产过程中，往往将两者按一定比例配制成混合氮源，以控制菌体生长时期与代谢产物形成时期的协调，达到提高土霉素产量的目的。

(三)能源

能源是指能为微生物的生命活动提供最初能量来源的营养物质或辐射能。微生物对能源的利用较为广泛，通常在培养过程中不需要另外提供能源物质。对于化能异养型微生物，碳源就是其能源物质；化能自养型微生物利用一些还原态的无机物质作为能源物质；光能自养型微生物和光能异养型微生物的能源物质主要是太阳能。

(四)无机盐

无机盐是微生物生长过程中必不可少的一类营养物质，提供生物生长繁殖所必需的除C、H、O、N外的大量元素和微量元素。在微生物生长过程中需要量在 $10^{-4}\sim10^{-3}$ mol/L的通常为大量元素，如P、S、K、Mg、Ca、Na、Fe等；需要量在 $10^{-8}\sim10^{-6}$ mol/L的为微量元素，如Cu、Zn、Mn、Mo、Co等。

无机盐在机体中的生理功能主要包括构成微生物细胞的组成成分；参与酶的形成，作为酶活性中心的组成部分；维持生物大分子和细胞结构的稳定性；调节并维持细胞的酸碱平衡和渗透压；控制细胞的氧化还原电位；作为自养微生物的能源和无氧呼吸时的氢受体。

如果微生物在生长过程中缺乏微量元素，会导致细胞生理活性降低甚至停止生长，由于不同微生物对营养物质的需求不完全相同，微量元素这个概念也是相对的。微量元素通

常混杂在天然有机营养物质、无机化学试剂、自来水、蒸馏水、普通玻璃器皿中，如果没有特殊原因，在配制培养基时一般没有必要另外加入微量元素。值得注意的是，许多微量元素是重金属，如其过量，就会对微生物有机体产生毒害作用，而且单独一种微量元素过量产生的毒害作用更大，因此有必要将培养基中微量元素的量控制在正常范围内，并应注意使各种微量元素之间保持恰当的比例。

(五)生长因子

生长因子通常是指那些微生物生长所必需且需要量很小，但微生物自身不能合成或合成量不足以满足机体正常生长需要的有机化合物。根据生长因子的化学结构及其在机体中的生理功能不同，其可分为维生素、氨基酸、碱基及三类物质的衍生物。狭义的生长因子一般仅指维生素。维生素在机体中所起的作用主要是作为酶的组成部分参与或调节新陈代谢，如许多维生素是酶的辅基或辅酶。有些微生物自身缺乏合成某些氨基酸的能力，需要在培养基中补充相应的氨基酸或含有这些氨基酸的肽类物质才能正常生长。嘌呤与嘧啶的主要作用也是作为酶的辅酶或辅基，以及用来合成核苷、核苷酸和核酸。

生长因子虽然是微生物的营养要素之一，但是并非每种微生物在生长过程中都需要为其提供生长因子，如多数真菌、放线菌自身的合成能力很强，不需要提供外源的生长因子。在科研及实际生产中，通常用牛肉膏、酵母浸膏、玉米浆、马铃薯汁、麦芽汁或其他动物浸出液等天然物质作为生长因子来源，以满足微生物的生长需要。

(六)水

水是微生物细胞的主要组成成分，也是其生命活动所必需的物质，占细胞鲜质量的70%～90%。微生物所含水分包括结合水和自由水两种状态。结合水一般不能流动，不易蒸发，不冻结，不能作为溶剂，也不能渗透；自由水则能流动，容易从细胞中排出，可以作为溶剂。

水在微生物代谢中起着重要作用，如作为物质的溶剂与运输介质，参与营养物质的吸收、代谢废物的排出，以及化合物的合成与分解；参与细胞内一系列化学反应；维持蛋白质、核酸等生物大分子稳定的天然构象；水的比热大，是热的良好导体，能有效地吸收代谢过程中产生的热量，并及时地将热量迅速散发出体外，避免细胞内温度突然升高，有效控制细胞内温度的变化；保持细胞内外渗透压平衡，维持细胞正常形态。

水分对于微生物生命活动极其重要，在培养微生物时应提供充足的水分，水分不足会影响其代谢作用，进而影响其生长繁殖。微生物生长用水一般采用自来水、井水、河水等即可，如有特殊要求可采用蒸馏水。

三、微生物的营养类型

微生物的种类繁多，其营养类型复杂，通常按照能源及碳源的不同来分类。根据微生物代谢所需能量来源的不同，微生物可分为光能营养型和化能营养型。其中，光能营养型靠吸收光能来维持其生命活动；化能营养型是利用吸收的营养物质产生的化学能进行能量代谢。根据所需碳源的不同，微生物可分为自养型和异养型。其中，自养型微生物以无机碳化合物作为碳源；异养型微生物以有机碳化合物为碳源。将碳源和能源结合起来，微生物可分为四种营养类型，即光能自养型、光能异养型、化能自养型和化能异养型(见表 3-3)。

表 3-3　微生物的营养类型

营养类型	能源	基本碳源	氢供体	举例
光能自养型	光能	CO_2	无机物	蓝细菌、藻类、光合细菌等
光能异养型	光能	CO_2或简单有机物	有机物	红螺细菌
化能自养型	化学能	CO_2或CO_3^{2-}	还原态无机物	氢细菌、铁细菌、硫化细菌、硝化细菌等
化能异养型	化学能	有机物	有机物	绝大多数的细菌、全部的放线菌及真核微生物

(一)光能自养型微生物

光能自养型微生物以光能作为能源，通过光和磷酸化将光能转化为化学能供细胞利用。这类微生物以 CO_2 或可溶性碳酸盐(CO_3^{2-})作为唯一碳源或主要碳源，以无机物(如水、硫化氢、硫代硫酸钠)或其他无机化合物为电子供体(供氢体)，使 CO_2还原成细胞物质，并且伴随元素氧(硫)的释放。此类型的微生物细胞内含有一种或几种光合色素，如叶绿素、类胡萝卜素、藻胆素等，能利用光能进行光合作用。此类型微生物主要有蓝细菌、藻类、光合细菌等，一般分布于水质较清、可透光的湖水中。

(二)光能异养型微生物

光能异养型微生物以光能作为能源，以简单的有机物(如甲酸、乙酸、丁酸、丙酮酸、异丙醇和乳酸等)作为碳源和供氢体，还原 CO_2，合成细胞的有机物质。例如，红螺菌属中的一些细菌能利用异丙醇作为供氢体进行光合作用，将 CO_2还原为细胞有机物质并积累丙酮。光能异养型微生物数量较少，在生长时大多数需要外源的生长因子。它们虽然能利用 CO_2，但必须在有机物同时存在的条件下才能生长。

(三)化能自养型微生物

化能自养型微生物是以无机物氧化过程中释放的化学能作为能源，以 CO_2或碳酸盐作为唯一或主要碳源合成细胞物质的微生物。此类微生物主要利用电子供体(如 H_2、H_2S、Fe^{2+})或亚硝酸盐等的氧化作用释放出能量，将 CO_2还原成细胞有机物质。目前已经发现的化能自养型微生物均为原核微生物，如硫化细菌、硝化细菌、碳化细菌、氢细菌、铁细菌等。

化能自养型微生物对无机物的氧化有很强的专一性，一种化能自养型微生物只能氧化一定的无机物，如铁细菌只氧化亚铁盐、硫化细菌只氧化硫化氢。这类微生物在对无机物氧化获取能量的过程中需要大量氧气的存在。它们一般生长缓慢，多分布于土壤和水中，在自然界无机营养物质的循环中起着重要的作用。

(四)化能异养型微生物

化能异养型微生物是以有机物作为碳源、能源和供氢体的微生物。此类微生物生长所需要的碳源主要是一些有机化合物，如淀粉、糖类、纤维素、有机酸等。该类型的微生物种类最多，包括绝大多数的细菌、全部放线菌、真菌及原生动物。

在化能异养型微生物中，根据它们利用的有机物的特性不同，又可分为腐生型与寄生型两种。腐生型微生物利用无生命的有机物质进行生长繁殖，靠分解生物残体来生活，大多数腐生菌是有益的，在自然界物质转化中起重要作用，但也容易导致物品的腐败，如梭状芽孢杆菌、毛霉、根霉、曲霉等；寄生型微生物是指生活在活的有机体内，从寄主体内获得营养物质的微生物。寄生又可分为专性寄生和兼性寄生两种。专性寄生型微生物只能在活的寄主生物体内营寄生生活，如病毒、噬菌体等；兼性寄生型微生物既能营寄生生活，又能营腐生生活，如某些肠道杆菌在人和动物肠道内是寄生，在水、土壤和粪便中便为腐生；又如引起瓜果腐烂的某些霉菌可寄生于果树幼苗中，也可长期腐生在土壤中。

光能自养型和化能自养型微生物统称为自养型微生物；光能异养型和化能异养型微生物统称为异养型微生物。自养型与异养型微生物的主要区别是自养型微生物可利用二氧化碳或无机碳酸盐作为唯一或主要碳源，所需能源来自光能或还原态无机物的氧化，可在完全无机环境中生长；异养型微生物以有机物作为主要碳源，所需能源来自光能或有机物的分解，不能在完全无机环境中生长，至少需要提供一种有机物才能使其正常生长。

微生物不同营养类型之间的界限不是绝对的。自养型和异养型之间、光能型和化能型之间存在一些过渡类型。例如，氢细菌就是一种兼性自养型微生物，在完全无机的环境中进行自养生活，利用氢气的氧化获得能量，将二氧化碳还原合成细胞物质，但当环境中存在有机物时，其又能直接利用有机物进行异养生活。此外，有些微生物在不同环境条件下生长时其营养类型也会随之发生改变，微生物营养类型的改变有利于提高其对环境条件变化的适应能力。

能力进阶

依据农产品食品检验员职业技能等级证书中微生物基础知识的技能要求，微生物营养需求应巩固以下问题：

知识题：1. 试述微生物生长过程中所需的营养物质及功能。

2. 什么是碳氮比？碳氮比对微生物生长有何影响？

3. 什么是生长因子？它主要起哪些作用？

技能题：挑选自己喜欢的一类细菌分析其生长所需的营养物质。

任务二　微生物生长的影响因素

任务描述

微生物在生长过程中会受到各种因素的影响，请分析温度、pH 值和氧气对微生物生长产生的影响，以确定培养条件。

任务目标

1. 熟悉影响微生物生长的各种因素。

2. 能够根据微生物特点确定适宜的培养条件。

3. 培养自主学习能力、分析归纳总结能力，提高灵活应变能力。

任务准备

1. 知识准备：影响微生物生长的因素相关知识。

2. 材料准备：接种环、酒精灯、无菌培养皿、无菌操作台、培养箱、pH 计、无菌吸管、涂布棒、镊子、锥形瓶、试管等。

3. 菌种准备：大肠杆菌、酿酒酵母。

4. 试剂准备：1 mol/L NaOH、1 mol/L HCl、无菌水。

5. 培养基准备：牛肉膏蛋白胨培养基(斜面、液体)、麦芽汁培养基(斜面、液体)。

序号	培养基	配制
1	牛肉膏蛋白胨培养基	牛肉膏 3 g，蛋白胨 10 g，氯化钠 5 g，琼脂 15～20 g，蒸馏水 1 L；pH=7.2～7.4，121 ℃灭菌 20 min
2	麦芽汁培养基	麦芽汁 150 mL，琼脂 3 g，蒸馏水 1 L；121 ℃灭菌 20 min

任务实施

序号	实施步骤	实施内容	操作要点
一	温度对微生物生长的影响		
1	接种	取制备好的斜面培养基进行接种，将大肠杆菌接种于牛肉膏蛋白胨斜面培养基，酿酒酵母接种于麦芽汁斜面培养基，同时取两个空白斜面培养基作为对照	在进行斜面接种时，注意不要将斜面划破
2	培养	将接种好的斜面分别置于 4 ℃、28 ℃、37 ℃和 45 ℃温度下进行培养	培养温度需设置准确，并留意观察，防止温度波动太大，影响微生物生长

续表

序号	实施步骤	实施内容	操作要点
3	结果观察	培养 48 h 后，分析并记录不同温度下大肠杆菌和酿酒酵母的生长情况，确定菌种的最适生长温度	记录微生物生长情况时应实事求是，如实记录
二	pH 值对微生物生长的影响		
1	培养基的制备	将配制好的牛肉膏蛋白胨液体培养基和麦芽汁液体培养基分别用 1 mol/L NaOH 和 1 mol/L HCl 调整 pH 值为 3、5、7、9，然后将每个 pH 的培养基分别装入两个 20 mL 的试管中，每管装入 5～6 mL，贴好标签，灭菌备用	用 1 mol/L NaOH 和 1 mol/L HCl 调节 pH 值时应用滴管少量滴加，滴加后充分混合均匀，防止 pH 值调节过度，避免回调
2	接种	将大肠杆菌分别接种于 pH 值为 3、5、7、9 的牛肉膏蛋白胨液体培养基，酿酒酵母分别接种于 pH 值为 3、5、7、9 的麦芽汁液体培养基中	接种时注意将菌种与培养基混合均匀，接种完毕后接种环需彻底灭菌
3	培养	将大肠杆菌置于 37 ℃培养箱中，酿酒酵母置于 28 ℃培养箱中过夜培养	正确设置培养温度
4	结果观察	观察菌液的浑浊度，分析并记录不同 pH 值下微生物的生长情况，确定菌种的最适生长 pH 值	若浑浊度不易判断，可用分光光度计测定其 OD 值
三	氧气对微生物生长的影响		
1	制备菌悬液	用接种环以无菌操作分别取适量的大肠杆菌和酿酒酵母放入两支无菌水试管中，配制成菌悬液	制备菌悬液时需混合均匀，保证菌液均匀一致
2	接种	用无菌吸管吸取 0.2 mL 的大肠杆菌菌悬液接种于牛肉膏蛋白胨培养基试管中，另吸取 0.2 mL 的酿酒酵母菌悬液接种于麦芽汁培养基试管中，振荡混合均匀，放入冰块中冷凝	接种完成后应立即振荡混合均匀
3	培养	将接种后的试管放入 28 ℃培养箱中培养 3 d	正确设置培养温度，并观察温度是否稳定
4	结果观察	观察、分析并记录菌种的生长情况，判断对氧气的需求程度	主要观察微生物在试管中的分布状况，判断其是好氧型、厌氧型还是兼性厌氧型
5	整理清洁	试验完毕后，清理使用过的试验用品，整理实验台	接触过菌种的器材应灭菌后再处理

安全贴士

1. 在接种时应严格无菌操作，避免产生微生物污染。
2. 使用培养箱时，应规范操作，避免产生触电危险。

实施报告

微生物生长的影响因素实施报告

检验项目			检验日期	
温度对微生物生长的影响				
菌种	4 ℃	28 ℃	37 ℃	45 ℃
大肠杆菌				
酿酒酵母				
对照				
pH 对微生物生长的影响				
菌种	pH=3	pH=5	pH=7	pH=9
大肠杆菌				
酿酒酵母				
氧气对微生物生长的影响				
菌种	大肠杆菌		酿酒酵母	
生长情况				
结论：				
遇到问题及解决方法：				
检验员： 复核人：		日期： 日期：		

任务评价

内容	评分标准	分值	得分
试验准备	工作服穿戴整齐	2	
	试验试剂耗材准备齐全	3	
无菌操作	在酒精灯旁操作、接种环灼烧充分、无菌操作准确	10	

续表

内容	评分标准	分值	得分
培养基制备	培养基配制准确，利用氢氧化钠和盐酸进行 pH 值调节，pH 值调节合适	10	
接种	接种操作准确，斜面不划破表面，液体培养基混合均匀	15	
培养	培养条件设置准确，培养时间合适	5	
观察	根据要求进行培养后的微生物观察，准确记录生长情况	15	
实施报告	报告填写认真、字迹清晰	5	
	各条件下生长情况记录准确，确定最适温度、pH 值及需氧情况，结论准确	20	
清洁整理	使用过的菌种进行灭菌后处理，清洁并整理实验台	5	
综合素养	具备自主学习能力，能够分析、归纳、总结微生物生长的影响因素，能够灵活处理试验状况	10	
得分合计			

知识链接　微生物生长的影响因素

微生物的生长代谢与环境有着密切的关系，一方面微生物需要从环境中摄入生长繁殖所必需的营养物质；另一方面微生物也向环境中排泄代谢产物，适应甚至改变着环境。环境条件的改变，在一定限度内可能引起微生物形态、生理、生长、繁殖等特征的改变；当环境条件的变化超过一定限度时，会导致微生物死亡。研究环境条件与微生物生长之间的关系，有助于进一步了解微生物在自然界中的分布与作用，探索微生物活动规律，从而使人类能够更好地利用微生物资源。

一、温度

素养提升

请扫描二维码学习：从无到有，打破垄断——金霉素的生产者沈善炯

(一)温度对微生物生长的影响

温度是影响微生物生长与存活的重要因素之一。微生物的生命活动是由一系列极其复杂的物理、化学反应组成的，而这些反应只有在一定温度范围内才能正常进行。温度对微

生物的影响主要表现：一方面，随着温度上升，酶的活性升高，细胞的生物化学反应速率和生长速度加快，一般温度每升高 10 ℃，生化反应速率增加 1 倍；另一方面，机体的重要组成成分(如蛋白质、核酸等)对温度比较敏感，随着温度的升高可使其遭受不可逆破坏。只有在一定温度范围内，微生物的代谢活动与生长繁殖才会随温度的上升而增加，当温度继续上升，便开始对机体产生不利影响，甚至导致死亡。

微生物的生长温度范围很宽，在−20～100 ℃范围内均可生长，但就某一种微生物来说，其生长温度范围较窄。微生物的种类不同，其生长范围也不同，但都有最低生长温度、最适生长温度及最高生长温度，即生长温度三基点，如图 3-1 所示。

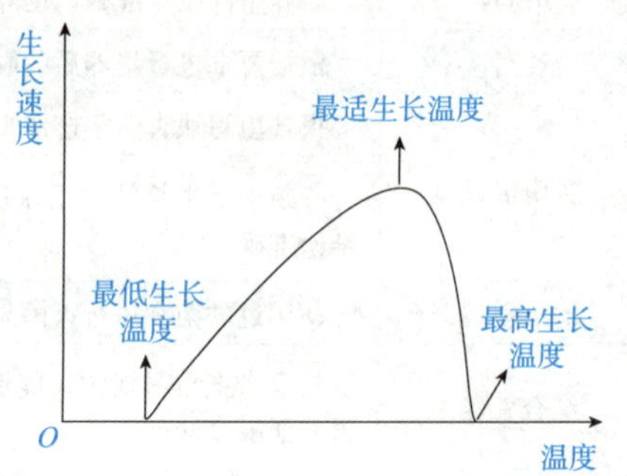

图 3-1　温度对微生物生长速率的影响

最低生长温度是微生物能够进行生长繁殖的最低温度界限。处于这种温度条件下的微生物，其生长速率很低，若低于此温度，微生物生长可完全停止。最适生长温度是微生物生长速率最高时的培养温度。需要注意的是，微生物不同的生理生化过程有着不同的最适温度。最适生长温度不一定是微生物生长量最高时的培养温度，不一定是发酵的最适温度，也不一定是累积代谢产物的最适温度。在较高温度条件下，细胞分裂虽然较快，但维持时间不长，容易老化；相反，在较低温度下，细菌分裂虽然慢，但维持时间较长，结果细胞总产量反而高。同样，发酵速度与代谢产物积累量之间也有类似关系，所以，研究不同微生物在生长或累积代谢产物时的不同最适温对提高发酵生产效率具有十分重要的意义。最高生长温度是微生物能够进行生长繁殖的最高温度界限。在此温度下，微生物细胞较容易衰老甚至死亡。微生物所能适应的最高生长温度与其细胞内酶的性质有关。

根据不同微生物最适生长温度范围的差异，微生物通常可分为低温型微生物(嗜冷型)、中温型微生物(嗜温型)及高温型微生物(嗜热型)三类。其生长温度及范围见表 3-4。

表 3-4　不同温度类型微生物的生长温度及范围

微生物类型		生长温度范围/℃			分布的主要处所
		最低	最适	最高	
低温型微生物	专性嗜冷型	−12	5～15	15～20	两极地区
	兼性嗜冷型	−5～0	10～20	25～30	海水及冷藏食品
中温型微生物	室温型	10～20	20～35	40～45	腐生菌、寄生菌的生活处所
	体温型		35～40		
高温型微生物		25～45	50～60	70～95	温泉、堆肥、土壤表层等

1. 低温型微生物

低温型微生物可以在较低温度下生长，常分布在地球两极地区的水域或土壤中，以及

冷泉、冰山中。其可分为专性嗜冷型和兼性嗜冷型两种。专性嗜冷型微生物的最适生长温度是 5～15 ℃，可在 0 ℃以下或更低温度的环境中存活；兼性嗜冷型微生物的最适生长温度为 10～20 ℃，最高生长温度约为 30 ℃或更高，虽然也可在 0 ℃以下生长，但生长不良。常见的有产碱杆菌属、假单胞菌属、黄杆菌属、微球菌属等，常导致冷藏的肉类、鱼类、牛奶和其他乳制品、罐头、水果、蔬菜等食品的腐败变质。

对于大多微生物而言，低温具有抑制或杀死作用，故常用低温的方法来保藏食品。在 0 ℃以下，菌体内的水分冻结，生化反应无法进行而致使生长停止。有些微生物在冰点下因细胞内水分变成了冰晶，造成细胞脱水或细胞膜的物理损伤而导致死亡。如果食品在冷藏前已经污染了病原微生物，则仍有传播疾病的可能，所以，冷藏食物的全过程都要注意卫生，防止杂菌污染。处于低温条件下的大多数微生物虽然代谢活力降低，生长繁殖停滞，但仍维持存活状态，一旦遇到合适的生活环境就可重新生长繁殖，因此，低温又被广泛用于菌种保藏。

2. 中温型微生物

在自然界中，绝大多数微生物属于中温型微生物，其最适生长温度范围为 20～40 ℃。中温型微生物又可分为室温型和体温型两大类。室温型微生物适于在温度为 20～35 ℃的范围内生长，如植物病原菌、土壤微生物等；体温型微生物适于在温度为 35～40 ℃的范围内生长，如人及温血动物寄生菌，后者往往与其宿主体温接近。

3. 高温型微生物

高温型微生物又被称为嗜热型微生物，最适生长温度为50～60 ℃，火山口附近、堆肥、厩肥、秸秆堆、温泉和土壤都有它们的存在。芽孢杆菌和放线菌中多高温型微生物种类，而霉菌通常不能在高温下生长繁殖。这些耐高温的微生物常给罐头工业、发酵工业等造成损害。

(二)高温对微生物的杀灭作用

在最高生长温度基础上，温度若进一步升高，便可杀死全部微生物，这种致死微生物的最低温度界限是致死温度。致死温度与处理时间有关，在一定温度下，处理时间越长死亡率越高。一般以 10 min 为标准时间，细菌在 10 min 内被完全杀死的最低温度便是其致死温度。测定微生物的致死温度一般在生理盐水中进行，以减少有机物质的干扰。

高温致死微生物主要是由于高温引起蛋白质和核酸不可逆变性，同时破坏了细胞的其他结构，或者因为细胞膜等膜结构被热溶解而形成小孔，使细胞内含物泄漏而引起死亡。不同微生物的致死温度不同，部分微生物的致死温度见表 3-5。

表 3-5　部分微生物致死温度

菌种	致死温度/℃	致死时间/min	菌种	致死温度/℃	致死时间/min
白喉棒状杆菌	50	10	维氏硝化杆菌	50	5
普通变形菌	55	60	肺炎链球菌	56	7
伤寒沙门氏菌	58	30	大肠杆菌	60	10

同一种微生物因其发育形态、群体数量及环境条件的不同也会具有不同的抗热性。细菌芽孢、真菌的一些孢子和休眠体都比其营养细胞的抗热性要强得多。大部分不产生芽孢细菌、酵母菌营养细胞及真菌菌丝体，在液体中加热至 60 ℃时经不同时间即可死亡，但各类芽孢细菌的芽孢即使在沸水中数分钟甚至数小时仍能存活，部分细菌芽孢的致死温度和致死时间见表 3-6。培养基的成分对微生物的抗热性也有影响，如在富含蛋白质的培养基上生长的细菌，由于菌体表面形成了一层蛋白质膜而提高了其抗热能力。

表 3-6 各种细菌芽孢的抗热性

菌种	湿热灭菌温度/℃	灭菌时间/min	菌种	湿热灭菌温度/℃	灭菌时间/min
肉毒梭状芽孢杆菌	121	10	炭疽芽孢杆菌	105	5～10
嗜热脂肪芽孢杆菌	121	12	枯草芽孢杆菌	100	6～17
破伤风梭状芽孢杆菌	105	5～10	蜡样芽孢杆菌	100	6

二、pH 值

在生长过程中，微生物机体内发生的绝大多数反应是酶促反应，而酶促反应需要在一定的 pH 值范围内才能进行，因此，微生物的生命活动受 pH 影响较大。pH 能够影响微生物细胞膜电荷的变化，从而影响微生物对营养物质的吸收；影响代谢过程中酶的活性，从而影响微生物的代谢；影响生长环境中营养物质的解离及有害物质的毒性等。与温度对微生物的影响相似，每种微生物生长都有最低、最适、最高 pH 值，见表 3-7。在最适 pH 值范围内，酶活性最高，如果其他条件合适，微生物的生长速率也最高。

表 3-7 常见微生物的 pH 值范围

微生物	最低 pH 值	最适 pH 值	最高 pH 值
嗜酸乳杆菌	4.0～4.6	5.8～6.6	6.8
伤寒沙门氏菌	4.0	6.8～7.2	9.6
大肠杆菌	4.3	6.0～8.0	9.5
放线菌	5.0	7.0～8.0	10.0
酵母菌	3.0	5.0～6.0	8.0
黑曲霉	1.5	5.0～6.0	9.0

从整体上看，pH 值为 1.5～10.0 的范围内都有微生物生长，大多数细菌、藻类和原生动物的生存最适 pH 值为 6.5～7.5；放线菌的最适 pH 值一般为微碱性，即 pH 值为 7.0～7.8；酵母菌、霉菌适合生长在 pH 值为 5.0～6.0 的偏酸性环境中。通常，自然环境中的 pH 值为 5.0～9.0，因此适合大多数微生物的生长。

微生物在培养基中生长，由于代谢作用引起营养物质的合成与分解，会改变培养基中氢离子浓度，从而使培养基的 pH 值随微生物的生长发生改变。例如，乳酸菌分解葡萄糖产生乳酸，增加了培养基中氢离子浓度，使 pH 值下降，基质被酸化。尿素细菌分解尿素后产生

氨，pH 值上升，基质被碱化。肺炎克氏杆菌利用葡萄糖产酸，使基质 pH 值下降到 5；当葡萄糖耗尽后，菌体又开始分解酸性产物，并氧化生成 CO_2 和 H_2O，使 pH 值又回到 7。当环境中 pH 值超过微生物生长的最低或最高 pH 值时，将引起培养微生物的死亡。为了维持微生物生长过程中 pH 值的稳定性，在配制培养基时需要注意调节 pH 值，还可以加入缓冲物质，如弱酸或弱碱的盐类等。

微生物生长繁殖的最适 pH 值与其合成某种代谢产物的最适 pH 值通常是不一致的。例如，丙酮丁醇梭菌生长的最适 pH 值为 5.5～7.0，而最大量合成丙酮丁醇的最适 pH 值为 4.3～5.3。同一微生物累积不同的代谢产物，对 pH 值的要求也有差异。例如，黑曲霉在 pH 值为 2～3 的环境中发酵蔗糖，其产物以柠檬酸为主，只产生少量的草酸；若改变 pH 值使其接近中性，则产生大量草酸，而柠檬酸产量很少。因此，在发酵过程中根据不同的目的，常采用改变 pH 值的方法提高生产效率。

强酸与强碱具有杀菌力。无机酸(如硫酸、盐酸等)，杀菌力虽强，但腐蚀性大，实际不宜用作消毒剂。某些有机酸(如苯甲酸、山梨酸等)可用作防腐；丙酸可用作防霉；乳酸菌发酵产生的乳酸可用作抑菌。强碱也可用作杀菌剂，但由于其毒性大，仅局限于对排泄物、仓库、棚舍等环境的消毒。

三、氧化还原电位

氧化还原电位对微生物生长有着显著影响。环境中的氧化还原电位与氧分压和 pH 有关，当 pH 值低时氧化还原电位高；而当 pH 值高时氧化还原电势低。标准氧化还原电位是 pH 值为 7 时测得的值。当环境中存在高浓度 O_2 时，氧化还原电位的上限是+0.82 V；当环境中富含 H_2 时，其下限是−0.42 V。

微生物在生长过程中常消耗氧气，根据微生物与氧气的关系，可将其分为以下几类，如图 3-2 所示。

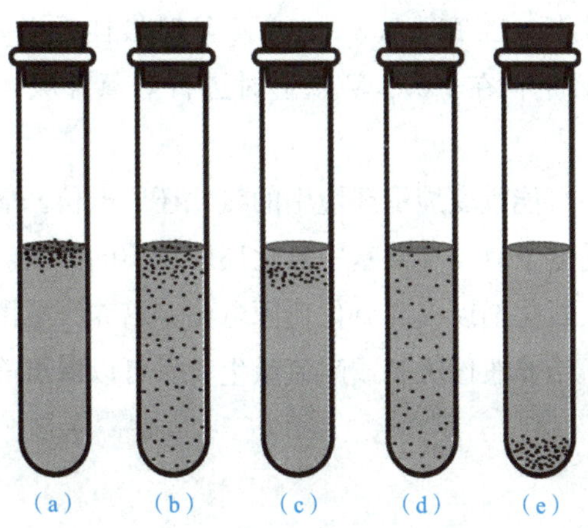

图 3-2　微生物生长与氧气的关系

(a)专性好氧菌；(b)兼性厌氧菌；(c)微好氧菌；(d)耐氧菌；(e)厌氧菌

1. 专性好氧菌

专性好氧菌必须在有氧气的条件下才能生长。它们有完整的呼吸链，以氧气作为最终受氢体，细胞内含有超氧化物歧化酶和过氧化氢酶。这类微生物包括大多数细菌、所有霉菌和放线菌等。在食品工业中应采取通气或振荡方式进行大规模培养。

2. 兼性厌氧菌

兼性厌氧菌在有氧和无氧的条件下均能生长，但在有氧条件下生长得更好。它们在有氧的情况下进行有氧呼吸，在无氧的情况下进行酵解或无氧呼吸，其产物也各不相同。如谷氨酸发酵时，通气量充足产生谷氨酸，通气量不足则产生乳酸或琥珀酸。许多酵母菌和细菌都属于兼性厌氧菌。

3. 微好氧菌

微好氧菌是只能在较低的氧分压下才能正常生长的微生物，其通过呼吸链并以氧为最终受氢体而产能，如霍乱弧菌等。

4. 耐氧菌

耐氧菌是在生长过程中不需要任何氧，但分子氧对它也无毒害作用，可在分子氧存在的条件下进行发酵性厌氧生活。它们不具有呼吸链，仅依靠专性发酵和底物水平磷酸化而获得能量。一般乳酸菌多数是耐氧菌，如乳链球菌、乳酸乳杆菌等。

5. 厌氧菌

厌氧菌只能在深层无氧或低氧化还原势的环境下才能生长，分子氧对它们有毒害作用，即使是短期接触空气，也会抑制其生长甚至被杀死。它们生命活动所需的能量是通过发酵、无氧呼吸等提供。常见的厌氧菌有肉毒梭状芽孢杆菌、拟杆菌属、双歧杆菌属和消化球菌属等。

各种微生物生长所要求的氧化还原电位值不同，一般来说，好氧微生物适宜在氧化还原电位＋0.1 V以上时生长，且在＋0.3～＋0.4 V时最佳；厌氧微生物适宜在＋0.1 V以下时生长；兼性厌氧微生物在＋0.1 V以上时进行好氧呼吸，在＋0.1 V以下时进行发酵。

微生物在生长过程中可能改变周围环境中的氧化还原电位。氧化还原电位受微生物细胞内酶活性的影响，也受分子氧、培养基中氧化还原物质的影响。培养好氧微生物可以向培养基中通入空气或加入氧化剂以提高氧化还原电位；培养厌氧微生物可以加入还原性物质以降低氧化还原电位；培养兼性厌氧或耐氧微生物，可以深层静止。

四、水分

水分是微生物进行生长繁殖的必要条件，芽孢出芽、孢子萌发等都需要大量的水分。水分对微生物的影响主要体现在水分活度(A_w)。不同类群微生物生长的水分活度不同，

大部分新鲜食品的 A_w 值为 0.95～1.00，腌肉制品的 A_w 值为 0.87～0.95，可满足一般细菌的生长，其下限可满足酵母菌的生长；盐分和糖分较高的食品的 A_w 值为 0.75～0.87，可满足霉菌和少数嗜盐细菌的生长；干制品的 A_w 值为 0.60～0.75，可满足耐渗透压酵母和干性霉菌的生长；奶粉的 A_w 值为 0.2，微生物很难生长。生产或科研中常用真空干燥法来保藏细菌、病毒、霉菌等菌种，在日常生活中常用熏干、晒干、烘干等方法来保存食物，都是利用低水分活度抑制微生物生长。

五、渗透压

渗透是指水或其他溶剂经过半透性膜进行扩散。渗透时溶剂通过半透膜的压力即渗透压，其大小与溶液浓度成正比。一般情况下，大多数生物适宜在等渗环境中生长，即细胞内物质浓度与胞外物质浓度相等，细胞既不失水也不吸水，微生物能保持原有形态，生命活动最佳。若微生物处于高渗溶液中，即细胞外物质浓度高于细胞内物质浓度时，水分将大量从细胞内渗出到细胞周围溶液中，造成细胞脱水，并引起质壁分离，致使细胞不能生长甚至死亡。若微生物处于低渗溶液中，即细胞外物质浓度低于细胞内物质浓度时，外部环境的水将大量进入细胞，以平衡细胞内的渗透压，引起细胞膨胀，甚至造成细胞破裂死亡。

大多数微生物不能耐受高渗透压，所以，食品工业中常利用高浓度的糖或盐来保存食品，如利用 5%～10%浓度的盐或 50%～70%浓度的糖来腌制肉类、果脯、蜜饯及蔬菜等，但部分霉菌和酵母菌可在高渗条件下生长，因此常导致腌制食品的腐败变质。

六、辐射

辐射是指能量通过空间传递的一种物理现象。与微生物相关的辐射包括可见光、红外线、紫外线、X 射线和 γ 射线等。光量子所含能量随波长不同而改变，一般波长越长，所含能量越低；反之越高。红外线的波长范围是 780 nm～1 000 μm，可被光合细菌作为能源利用；紫外辐射的波长为 100～400 nm，有杀菌作用。可见光、红外线和紫外线的最强来源是太阳，但由于大气层的吸收，紫外线与红外线不能全部到达地面。波长更短的 X 射线、γ 射线、β 射线和 α 射线(由放射物质产生)、宇宙射线(从外太空到达地面)等，往往引起 H_2O 与其他物质的电离，对微生物会产生有害作用，常被作为一种灭菌措施。

(一)可见光

可见光部分波长为 400～770 nm，是蓝细菌和藻类进行光合作用的主要能源。但微生物若长时间暴露于可见光线照射下，光线被细胞内的色素吸收，在有氧的条件下，使一些酶和细胞内的其他敏感成分失活，从而影响微生物的新陈代谢，使其受到损害或死亡，因此培养的保存菌种应置于阴暗处。

(二)紫外线

紫外线是一种短波光，其波长为100～400 nm，小剂量为诱变剂，大剂量为杀菌剂。紫外线对细胞的杀伤作用主要是由于细胞中的DNA能吸收紫外线，使DNA一条链或两条链上相邻的胸腺嘧啶间形成嘧啶二聚体，改变DNA的分子构型，导致其DNA复制异常而产生致死作用。此外，紫外线还可使空气中的氧变为臭氧，而臭氧易分解，会放出氧化能力强的新生态氧[O]，从而具有杀菌作用。经紫外辐射短时间处理后，受损伤的微生物细胞若再次暴露于可见光下，其中一部分可恢复正常生长，该现象称为光复活作用。只有当紫外线引起的损伤大于其修复能力时，才能使微生物死亡。

不同波长的紫外线杀菌能力不同，一般认为250～265 nm波长的紫外线杀菌能力最强。紫外线杀菌能力强，但穿透力差，不能透过水蒸气、尘埃、纸张、普通玻璃等，故只能用于物品表面和空气消毒，如在无菌操作和医疗卫生中广泛应用的紫外线灭菌灯。一般无菌室内选用30 W紫外线灭菌灯，菌种诱变多选用15 W紫外线灭菌灯。紫外线对皮肤、眼结膜及视神经都有损伤作用，因此在使用紫外线消毒时，要注意防护。

(三)电离辐射

高能电磁波(如X射线、α射线、β射线、γ射线和快中子等)辐射光波短、能量强，有足够的能量将受照射物体原子或分子放出电子而变成离子，故称为电离辐射。α射线是带有阳电荷的氦原子核，具有很强的电离作用，但穿透力很弱，纸片可将其阻挡；β射线是中子转变为质子时放出的带阴电荷的射线，电离作用不太强，但穿透力比α射线大。γ射线是由某些放射性同位素，如^{60}Co发射出的高能辐射，具有较强的穿透力，能杀死所有的生物。X射线是一种波长很短、频率很高的电磁辐射，由高速运行的电子群撞击物质突然受阻时产生，具有很高的穿透性，能透过许多对可见光不透明的物质(如墨纸、木料等)，具有抑菌或杀菌作用。

电离辐射低剂量照射时，可以促进微生物的生长或诱发变异；高剂量处理时，具有杀菌作用。用辐射保存粮食、果蔬、畜产品及饮料等不仅能防腐，还能保持食物的营养和风味。由于电离辐射能量极大，对人体具有损害效应，故在常规的消毒工作中较少应用电离辐射，但在工业生产上常用来消毒不耐热的塑料注射器、塑料管等。

七、微波和超声波

(一)微波

微波是指波长为0.001～1 m的电磁波。微波具有杀菌消毒的作用，可以在较低的温

度下和较短的时间内杀灭食品、药品或其他物料中的细菌、虫及虫卵等。低温短时间灭菌能够很好地保持食品、药品等的有效成分和营养成分，避免或减轻了物料发黄、发黑等颜色改变。目前，微波主要用于肉、鱼、豆制品、牛乳、水果及啤酒等的杀菌。微波还具有干燥作用，而且作用直接、迅速，干燥时间短，干燥后的食品不烤焦、不变色，质量好，同时，还可节省能源和改善工作环境。

(二)超声波

超声波是指高于 20 000 Hz 的声波。超声波由超声波发生器放出，适度的超声波处理微生物细胞，可促进细胞代谢，而强烈的超声波处理可引起细胞破碎，内含物溢出而导致死亡。另外，超声波处理也会导致热的产生，热作用也是造成机体死亡的原因之一。绝大多数的微生物细胞能被超声波所破坏，其作用效果与超声波频率、处理时间、微生物种类、细胞大小、形状及数量等有关系。一般来说，高频率比低频率杀菌效果好。科研中常用超声波来破碎细胞、提取活性蛋白质类物质等。

八、重金属及其化合物

重金属及其化合物一般都具有杀菌作用，可以作为杀菌剂或防腐剂。杀菌作用最强的是汞、银和铜，它们有的易于与细胞蛋白质结合而使之变性；有的进入细胞后与酶上的—SH 结合使之失去活性；有的与细胞内的主要代谢产物发生螯合作用；有的取代细胞结构上的主要元素，使正常的代谢物变为无效的化合物，从而抑制微生物的生长或导致其死亡。

高浓度的重金属及其化合物都是有效的杀菌剂或防腐剂。汞化合物主要有氯化汞、氯化亚汞和有机汞。氯化汞又称升汞，是杀菌能力极强的消毒剂之一，对大多数细菌有效，对金属有腐蚀作用，对人及动物有剧毒，常用作消毒剂、植物保护剂或用于血清和疫苗的保存。银化合物经常作为温和的消毒剂使用。0.1%～1%的硝酸银常用于皮肤消毒，蛋白质与银或氧化银制成的胶体银化物，刺激性较小，也可用作消毒剂或防腐剂。硫酸铜是主要的铜化物杀菌剂，对真菌及藻类有较强的杀伤力。在农业上，为了杀死真菌、螨等某些植物病害，常用硫酸铜与石灰以适当比例配制成波尔多液使用。

九、有机化合物

对微生物产生损害作用的有机化合物种类较多，其中酚、醇、醛等是常用的杀菌剂。

(一)酚及其衍生物

酚又称石炭酸，可以使细菌的蛋白质变性、沉淀，破坏细胞膜的通透性，使细胞内含物外溢造成死亡。它能杀死一般细菌，但对芽孢和病毒的杀灭效果较差。酚类对皮肤黏膜有刺激和局麻作用，高浓度时会有腐蚀性，因此，不适用于人体，也不适用于容器、生产器具和食品生产场所的消毒。0.5%的苯酚常用作生物制品的防腐剂，3%～5%苯酚溶液可用于地面、家具、器皿及排泄物的消毒。市售的消毒剂来苏尔是甲酚与肥皂的混合液，是一种常用的酚类消毒剂，稀释后，可用于皮肤的消毒。

酚的另一用途是作为比较其他化学消毒剂杀菌能力的标准，即用酚系数(石炭酸系数)来表示某种化学消毒剂的杀菌能力。将某一消毒剂做不同的稀释，在一定条件、一定时间(一般 10 min)内，致死全部供试微生物的最高稀释度与达到同样效果酚的最高稀释度的比值即酚系数。酚系数越大，表明该消毒剂杀菌能力越强。

(二)醇

醇是脱水剂、蛋白质变性剂、脂溶剂，具有杀菌能力，但对芽孢无效，其常用于皮肤、实验台、玻璃棒、载玻片及其他用具的消毒。醇类物质随着相对分子质量的增大，杀菌效果增强，为戊醇＞丁醇＞丙醇＞乙醇＞甲醇。高级醇虽然杀菌能力强于乙醇，但由于丙醇以上的醇不易与水相溶，使用不方便，而甲醇的杀菌能力比较差，而且对人，尤其是对人的眼睛有害，不适于用作消毒剂，故常用乙醇作为消毒剂。50%～70%的乙醇可杀死营养细胞，70%左右的乙醇杀菌效果最好，超过 80%至无水乙醇杀菌效果较差。醇类的挥发性和可燃性很强，不能以喷雾法使用。

(三)醛类

醛类能与蛋白质中的氨基结合，使蛋白质变性沉淀，其杀菌作用大于醇类，对细菌、芽孢和病毒等均有效。醛类中以甲醛的作用最强。纯甲醛为气体，可溶于水，是一种常用的杀菌剂，市售的福尔马林溶液就是 40%的甲醛水溶液。由于甲醛具有腐蚀性，而且刺激性很大，因此不适合人体使用，也不宜直接触及。一般用 10%的甲醛溶液熏蒸及消毒厂房、无菌室或传染病患者的家具、房屋等。

十、卤素及其化合物

(一)氯

氯的杀菌效应是通过氯与水结合产生次氯酸，次氯酸分解产生具有杀菌能力的新生态氧。氯对许多微生物有杀灭作用，包括细菌、真菌、病毒、立克氏体和原虫等，但不能杀死芽孢。0.2～0.5 mg/L 的氯气常用于自来水或游泳池的消毒。

漂白粉的主要成分为次氯酸钙。次氯酸钙很不稳定，在水中可分解为次氯酸，也可产生新生态氧，由此产生强烈的杀菌作用。0.5%～1%的漂白粉溶液可在 5 min 内杀死大部分细菌，5%的溶液 1 h 可杀死芽孢。10%～20%的漂白粉溶液常用于消毒厕所、地面、排泄物等，既能杀菌又能达到除臭效果。

(二)碘

碘的杀菌作用强，能杀死各种微生物及一些芽孢。其作用机制是使蛋白质及酶的—SH氧化，从而使蛋白质变性，酶失活。碘在碘化钾的存在下易溶于水，2.5%的碘酊常用于小范围皮肤、伤口的消毒。碘伏是一种碘与聚醇醚复合而成的广谱消毒剂、防腐剂，能杀死病毒、细菌、芽孢和真菌，可用于皮肤黏膜的消毒，也可治疗烫伤。碘伏刺激性小，基本上替代了消毒酒精、红汞、碘酒、紫药水等作为常用皮肤黏膜消毒剂。

能力进阶

依据农产品食品检验员职业技能等级证书中微生物基础知识的技能要求，微生物营养需求应巩固以下问题：

知识题：1. 温度对微生物的生长有何影响？

2. 根据微生物与氧的关系可以分为哪几类？各有何特点？

3. 微生物在生长过程中如何引起培养基pH改变？可以通过哪些措施进行调节？

4. 化学试剂对微生物生长会产生哪些影响？

技能题：设计一个化学试剂对微生物生长影响的试验方案。

任务三　玻璃器皿的包扎与灭菌

任务描述

检验机构欲对样品进行微生物检验，检验之前需要完成一系列的准备工作，作为检验人员，请完成玻璃器皿的包扎与灭菌。

任务目标

1. 熟悉食品微生物检验常用玻璃器皿及作用。
2. 能够熟练进行玻璃器皿的包扎。
3. 能够使用干热灭菌箱灭菌。
4. 引导学生树立规范意识和无菌意识，增强安全观念。

任务准备

1. 知识准备：微生物检验用品种类及灭菌方法相关知识。

2. 材料准备：培养皿、试管、不同规格的吸管、锥形瓶、干热灭菌箱、报纸或牛皮纸、棉线、脱脂棉等。

任务实施

微课：玻璃器皿的包扎

序号	实施步骤	实施内容	操作要点
1	培养皿的包扎	将洗净并干燥的培养皿以6～10个为一组，用报纸或牛皮纸卷成一排，第1个和最后1个培养皿的皿盖朝外，卷筒两端的报纸折叠后压紧封严。也可将培养皿按顺序放入特制的金属圆筒，加盖灭菌	玻璃器皿一定要干燥，否则干热灭菌时易炸裂
2	试管的包扎	将试管管口用棉塞或硅胶塞塞好。6～10个试管为一组，用双层报纸或牛皮纸将试管口包好，用棉线扎紧	棉塞要求紧贴玻璃壁，没有皱纹和缝隙，但不能过松，防止掉落和污染；也不能过紧，以防止挤破管口和不易塞入
3	锥形瓶的包扎	锥形瓶瓶口用棉塞或硅胶塞塞好，然后用双层报纸或牛皮纸将瓶口包好，用棉线扎紧	锥形瓶在装入培养基包扎时，不要大角度倾斜，以免沾湿棉塞
4	吸管的包扎	吸管洗净干燥后，在上端管口处塞入一小段棉花，塞入的棉花松紧适当。用报纸包扎起来，如图3-3所示。取一长条形报纸，将吸管尖端斜放在报纸上，以45°为宜螺旋卷起来，右端用剩余纸条打一小结。包扎好的吸管可单独灭菌，也可将若干支吸管扎成一束一起灭菌。另外，还可用专用的金属圆筒灭菌，将同规格的吸管塞好棉柱后成批放入金属筒，吸管上端向外，盖好圆筒盖，灭菌即可	1. 塞入的棉花长度在1.0～1.5 cm，目的是避免在使用时将杂菌吹入吸管中或将微生物吸出管外。 2. 塞入的棉花以不松不紧为宜，过紧则吸取费力，过松则棉花下滑。棉花不要弄湿。 3. 吸管不要卷得太紧，以免使用时难以抽出
5	装入待灭菌物品	将包扎好的待灭菌物品（培养皿、锥形瓶、吸管、试管等）放入干热灭菌箱中，关好箱门	物品不要装得太满、太紧，以免空气流通不畅，影响灭菌效果
6	升温	接通电源，打开排气孔，使箱内湿空气能逸出。转动恒温调解器使温度逐渐上升。待温度达到100 ℃时关闭排气孔	干热灭菌箱使用时应严格按照操作规程进行参数设置
7	恒温	当温度升到160～170 ℃时，保持此温度1～2 h	在恒温干燥过程中，注意观察温度，防止恒温调节失灵而引起安全事故
8	降温	切断电源，自然降温	降温过程中不要打开箱门，以免烫伤

续表

序号	实施步骤	实施内容	操作要点
9	开箱取物品	待箱内温度降到 60 ℃以下时，打开箱门，取出灭菌物品	箱内温度未下降到 60 ℃以下时不要打开箱门，以免温度骤降导致玻璃器皿炸裂
10	清理	试验完毕后，清洁使用过的试验用品，整理实验台	干热灭菌箱使用完毕后应立即切断电源，转动旋钮复位

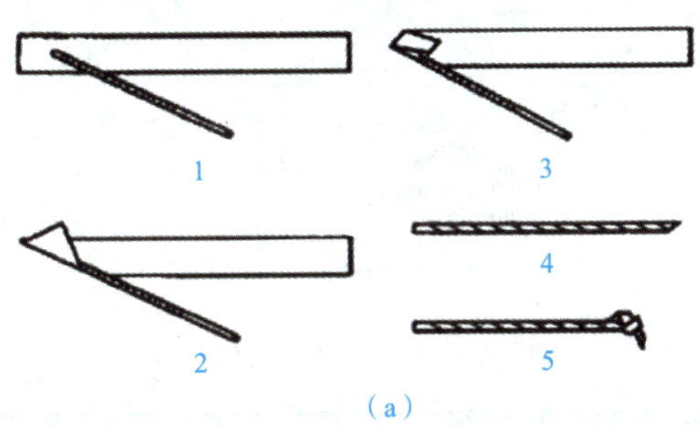

图 3-3　吸管的包扎

(a)用报纸包扎；(b)吸管灭菌用金属筒

1～5——吸管包扎的顺序

安全贴士

1. 玻璃器皿包扎时应小心谨慎，防止压碎或打碎，造成玻璃割伤及伤口感染。若不慎打碎，切勿用手清理，应立即报告老师，并用皮肤消毒剂处理伤口。

2. 使用干热灭菌箱时，应严格按照操作规程规范使用，在使用过程中，不要轻易打开箱门，防止烫伤。

实施报告

玻璃器皿的包扎与灭菌实施报告

检验项目		检验日期	
步骤	类型	操作要点	
包扎	培养皿的包扎		
	三角瓶的包扎		
	吸管的包扎		
	试管的包扎		

续表

灭菌	灭菌条件	
	灭菌效果	
遇到问题及解决方法：		
检验员： 复核人：		日期： 日期：

任务评价

内容	评分标准	分值	得分
试验准备	工作服穿戴整齐	2	
	试验试剂耗材准备齐全	3	
培养皿的包装	培养皿包扎正确，不散开	8	
试管的包扎	吸管口用棉花塞住，尖端用报纸完全封住，末端纸条打成结，不散开	8	
锥形瓶的包扎	锥形瓶棉塞塞入合适，包扎正确	8	
吸管的包扎	试管棉塞塞入合适，包扎正确	8	
装入待灭菌物品	物品装入量合适，间距适宜，不挤不满	5	
升温	正确升温，关闭排气孔时间准确	8	
恒温	恒温温度准确，灭菌时间合适	7	
降温	自然降温，不擅自开箱门	5	
开箱取物品	箱内温度降到 60 ℃以下开箱	8	
实施报告	报告填写认真、字迹清晰	5	
	包扎要点和灭菌条件准确	10	
清洁整理	清洁并整理实验台	5	
综合素养	按操作规程规范操作，树立规范意识和无菌意识，增强安全观念	10	
得分合计			

知识链接  微生物检验无菌用品的准备

一、常用微生物检验用品

微生物检验用品应满足微生物检验工作需求，检验用品在使用前应保持清洁或无菌状态，需要灭菌的检验用品应放置在特定的容器内，或用合适的材料，如报纸、牛皮纸、铝箔纸等包裹，并保证灭菌效果。检验用品的储存环境应保持干燥和清洁，已灭菌和未灭菌的用品应分开存放并明确标识。灭菌检验用品应记录灭菌温度、持续时间及有效使用期限。微生物检验常用的设备和检验用品见表 3-8。

表 3-8 微生物检验常用的设备和检验用品

类别	用途	名称
设备	称量	天平等
	消毒灭菌	干燥设备、高压灭菌、过滤除菌、紫外线装置等
	培养基制备	pH 计等
	样品处理	均质器(剪切式或拍打式均质器)、离心机等
	稀释	移液器
	培养	恒温培养箱、恒温水浴等装置
	镜检计数	显微镜、放大镜、游标卡尺等
	冷藏冷冻	冰箱、冷冻柜等
	生物安全	生物安全柜等
检验用品	常规检验	接种环(针)、酒精灯、镊子、剪刀、药匙、消毒棉球、硅胶(棉)塞、吸管、吸球、试管、培养皿、锥形瓶、微孔板、广口瓶、量筒、玻璃棒及 L 型玻璃棒、pH 试纸、记号笔、均质袋等
	现场采样	无菌采样容器、棉签、涂布棒、采样规格板、转运管等

二、检验用品的清洗

(一)洗涤剂的种类及应用

1. 水

水是实验室中最常用的洗涤剂，用来洗去可溶于水的污染物，但油、蜡等不溶于水的污染物，需要采用其他方法处理后再用水洗。对于要求无杂质颗粒或无机盐离子的玻璃器皿，在用清水洗过后，应再用蒸馏水进行漂洗。

2. 洗衣粉

洗衣粉有很强的去污、去油能力。用洗衣粉溶液洗涤玻璃器皿，特别是带油的载玻片和盖玻片，具有很好的清洁效果。

3. 去污粉

去污粉具有一定的去油污作用。用时先将器皿润湿，再用湿布或湿刷子沾上去污粉擦拭污垢，然后用清水清洗。

4. 肥皂

肥皂是常用的去污剂，对于有油污的器皿，通常用湿刷子涂抹一些肥皂后刷洗器皿，然后用水冲洗。

5. 洗液

洗液通常为重铬酸钾的硫酸溶液，是一种去污能力很强的强氧化剂，常用于玻璃或搪瓷器皿上污垢或有机物的清洗，但不能用于金属器皿的清洗。洗液可多次使用，使用完毕后可倒回原瓶中保存，直至溶液变为青褐色时才失去效用。使用洗液时应尽量避免混入水分而被稀释。用洗液洗过的器皿应立即使用清水冲洗干净。另外，洗液具有强腐蚀性，使用时若沾在皮肤或衣服上时，应立即用水冲洗，然后用苏打水或氨水进行清洗。

6. 有机溶剂

有时，洗涤浓重的油脂物质及其他不溶于水也不溶于酸或碱的物质时，需要用到特定的有机溶剂，常用的有机溶剂有汽油、丙酮、酒精、苯、二甲苯等，可根据具体情况选用。

(二)玻璃器皿的清洗

1. 新购置玻璃器皿的清洗

新购置的玻璃器皿中含有游离碱，长期使用后会在内壁析出，呈乳白色碱膜，使器皿变得不透明而影响观察，同时，也会影响培养基的酸碱度。新购置的玻璃器皿应在酸溶液(如2%的盐酸)中先浸泡数小时以中和游离碱，浸泡后用自来水冲洗干净。倒置自然晾干或于干燥箱中烘干备用。

2. 使用过的玻璃器皿的清洗

(1)试管、培养皿、锥形瓶、烧杯的清洗。试管等器皿可先用刷子沾上洗衣粉或去污粉等刷洗，然后用自来水冲洗干净。器皿洗涤后要求内壁水分均匀分布成一薄层，如还挂有水珠，说明未清洗干净，需要用洗液浸泡数小时，再用自来水冲洗干净。洗好后的器皿应倒置晾干或于干燥箱内烘干。带有固体培养基的器皿应先将器皿中的培养基刮去，然后用清水洗涤。带有病原菌培养物的器皿，应先经高压蒸汽灭菌后倒出培养物再清洗。

(2)玻璃吸管的清洗。吸过血液、血清、糖溶液或染料溶液等的吸管，使用完毕后应立即放入盛有自来水的容器中浸泡，以免干燥后难以冲洗，待试验完毕后集中清洗。顶部塞有棉花的吸管，可用洗耳球将棉花吹出或用钢丝勾出，也可将移液管尖端与安装在水龙头上的橡皮管连接，用水将棉花冲出，然后进行清洗。吸管内壁若有油污，可在洗液中浸泡数小时后再清洗。

(3)载玻片和盖玻片的清洗。载玻片或盖玻片上若沾有香柏油，应先用擦镜纸将其擦去，滴加二甲苯使其溶解，在肥皂水中煮沸 10 min 左右，用自来水冲洗，然后在稀洗液中浸泡 1～2 h，用自来水冲去洗液，最后用蒸馏水淋洗，干燥后保存在 95％的乙醇中。使用此法洗涤和保存的载玻片与盖玻片清洁透亮，没有水珠。

三、消毒与灭菌

利用环境对微生物的影响，采取相应的措施对微生物进行控制，影响其生长繁殖，从而达到抑制或杀死的目的。控制的程度不同，对微生物产生的效果就不同。

(1)防腐。利用某些理化因子，使物体内外的微生物暂时处于不生长、不繁殖但又未死亡的状态。这是一种抑菌作用，是防止食品腐败变质的有效措施。常用的防腐方法有低温、缺氧、干燥、高渗、高酸及加防腐剂等。

(2)消毒。利用较温和的理化因素，杀死一定范围内的病原微生物，达到无传染性的目的，而对被消毒对象基本无害。消毒仅杀死物体表面或内部一部分对人体或动植物有害的病原菌，对非病原性微生物及芽孢并不要求全部杀死。例如，一些常用的对皮肤、水果、饮用水进行药剂消毒的方法，对啤酒、牛奶、果汁、酱油、醋等进行消毒处理的巴氏消毒。

(3)灭菌。利用强烈的物化因素，使存在于物体中的所有微生物，包括最耐热的细菌芽孢，永久丧失其生命活力的措施。这是一种彻底的杀菌方式，经过灭菌后的物品称为无菌物品，如培养基、手术器械、注射用具等都要求绝对无菌。

(4)死亡。对于微生物来说，死亡就是不可逆地丧失了生长繁殖能力，死亡后即使再将其放到合适的培养环境中也不能再次生长繁殖。要直接判断非活动细胞和死亡细胞是比较困难的，因此，在检查理化因素对微生物的致死作用时，通常是将处理后的微生物接种到适宜的固体或液体培养基中，经过培养，观察其能否再次生长繁殖而做出判断。

常见的消毒灭菌方法有以下几种。

(一)干热灭菌法

干热灭菌是一种利用火焰或热空气杀死微生物的方法，简单易行，但使用范围有限。

1. 灼烧法

将待灭菌物品放置在火焰上灼烧，直接将微生物烧死，这是一种彻底又迅速的干热灭菌法，但其破坏力极强，常用于对金属性接种工具、试管口、污染物品及试验材料等废弃物的处理。

2. 干热空气灭菌法

将待灭菌物品置于干热灭菌箱，利用热空气进行灭菌，通常在 150～170 ℃温度下处理 1～2 h，即可彻底灭菌(包括杀死细菌的芽孢)。此法可使待灭菌物品保持干燥，适用于玻璃器皿、金属用具等耐热物品的灭菌，对于培养基等含有水分的物质、高温下易变形的塑料制品及乳胶制品等则不适合使用。灭菌物品用纸包裹或带有棉塞时，必须控制温度不超过 170 ℃，否则容易燃烧。

(二)湿热灭菌法

湿热灭菌法主要是利用煮沸或饱和热蒸汽杀死微生物。在同样温度和相同作用时间下，湿热灭菌比干热灭菌的效果好，主要是因为热蒸汽穿透能力强，细胞物质在含水率高时容易凝固变性，可以迅速引起菌体蛋白质变性。蒸汽凝固时释放的大量热能可迅速提高灭菌物品的温度。湿热灭菌被广泛用于培养基和发酵设备的灭菌。

1. 煮沸消毒法

将物品煮沸，在 100 ℃下保持 15～30 min，可杀死微生物的营养细胞和部分芽孢。若延长煮沸时间，并在水中加入 1%碳酸钠或 2%～5%苯酚(石炭酸)，效果更好。该方法常用于饮用水的消毒。

2. 巴氏杀菌法

有些食品或物品在高温下会受到不同程度的损害，不宜在高温下灭菌，宜采用较低的灭菌温度(60～70 ℃，30 min)，以杀死食品中的病原菌。巴氏杀菌法是食品生产中常用的一种灭菌方法，专门用于牛奶、果酒、啤酒或酱油等食品的低温灭菌，既杀死其中的病原微生物，又不损害食品本身的营养与风味。

3. 间歇灭菌法

将待灭菌物品放置于盛有适量水的专用灭菌器内，利用流通蒸汽对其进行反复多次处理的灭菌方法。其操作是将待灭菌物品置于灭菌器或蒸锅中，常压下 100 ℃处理 15～30 min，以杀死其中所有微生物的营养体。待冷却后，置于 37 ℃下保温过夜，以诱使残存的芽孢萌发，然后再以同样的方法加热处理。如此反复三次，可达到灭菌目的。采用该方法灭菌比较费时，因此一般只用于不耐热的营养物、药品、特殊培养基等的灭菌。

4. 高压蒸汽灭菌法

利用高压使水的沸点温度升高，以及水蒸气的强穿透能力，加上蛋白质在湿热条件下容易变性，从而杀死微生物达到灭菌目的。高压蒸汽灭菌常在高压蒸汽灭菌锅中进行，如图 3-4 所示，通常在 1.05 kg/cm^{2}的压强下，温度达到 121 ℃，维持 20～30 min，即可杀死所有的微生物，包括其繁殖体及芽孢。此方法是实验室及生产中最常用的灭菌方法，适用于各种耐热物品的灭菌，如缓冲液、生理盐水、培养基、金属用具等。需要注意的是，高压蒸汽灭菌锅的灭菌效果不仅与锅内压力有关，还与蒸汽的饱和程度有关。若锅内冷空气没有排尽，那么显示的压力与锅内实际压力有偏差，将影响灭菌效果，见表 3-9。

图 3-4　常见立式高压蒸汽灭菌锅

表 3-9 空气排除对灭菌温度的影响

压强/kPa	排净空气温度/℃	排出 1/2 空气温度/℃	未排出空气温度/℃
34.3	100	94	72
68.6	115	105	90
102.9	121	112	100
137.2	126	118	109
172.5	130	124	115
205.8	134	128	121

(三)过滤除菌法

过滤除菌是用物理阻留的方法将液体或空气中的细菌除去，以达到无菌的目的，一般使用的是含有微小孔径的滤芯器。常用的滤芯器有薄膜滤芯器(0.45 μm 和 0.22 μm 孔径)、陶瓷滤芯器、石棉滤菌器、烧结玻璃滤菌器等。常用于血清毒素、抗生素等不耐热生物食品及空气的除菌，病毒等小于 0.2 μm 的非细胞微生物无法去除。

(四)辐照灭菌法

辐照灭菌是采用微波、紫外线、γ 射线、X 射线等对不耐热或受热易变质变味的食品进行杀菌。γ 射线的穿透能力非常强，可对密封包装后的物品进行灭菌。实验室常用的辐照灭菌一般是紫外线灭菌，240～280 nm 波段的紫外线杀菌能力较强，多以 253.7 nm 作为紫外线杀菌的波段。紫外线穿透性较差，属于物理消毒方法，常用作食品工厂、车间、设备、包装材料表面及水的杀菌等，具有简洁轻便、广谱、高效、无二次污染等特点。紫外线也是接种室、培养室和手术室进行空气灭菌的常用工具。

(五)药剂灭菌法

使用能杀死微生物或抑制微生物生命活动的化学药剂进行杀菌。理想的药剂应该为杀菌能力强、使用方便、价格低、对人畜无害、无嗅无味。

(1)甲醛。一般为 40%的水溶液，即福尔马林。它具有强烈的刺激臭味，能使微生物蛋白质变性，对细菌和病毒具有强烈的杀伤作用，常用于熏蒸接种室、接种箱和培养室的消毒。甲醛气体对人的皮肤和黏膜组织有刺激损害作用，消毒后应迅速离开消毒现场。

(2)高锰酸钾。高锰酸钾可使微生物的蛋白质和氨基酸氧化，从而抑制微生物的生长，达到灭菌的目的。0.1%的高锰酸钾溶液便具有杀菌作用，常用于器具表面消毒。

(3)酒精。酒精能使细菌蛋白质脱水变性，致使细菌死亡。75%酒精的杀菌作用最强，可用于皮肤表面及器皿的消毒。酒精易燃易挥发，应密封保存。

(4)苯酚。苯酚又称石炭酸，有特殊气味和腐蚀性，能损害微生物的细胞膜，使蛋白质变性或沉淀。一般3%～5%的苯酚水溶液用于环境和器皿消毒，使用时刺激性较强，对皮肤有腐蚀作用，应加以注意。

(5)来苏尔。来苏尔含50%煤酚皂，消毒能力比苯酚强4倍。用50%来苏尔40 mL，加水960 mL，配制成2%来苏尔溶液，可用于手、接种室及培养室的消毒。

(6)新洁尔灭。新洁尔灭是一种具有消毒作用的表面活性剂。常使用0.25%溶液来进行器具和皮肤消毒，也可用于接种箱或接种室内喷雾消毒。

(7)漂白粉。漂白粉在水中分解成次氯酸，渗入菌体，可使微生物蛋白质变性，导致微生物死亡。漂白粉对细菌、芽孢、病毒、酵母菌及霉菌等均有杀菌作用。

四、微生物实验室的急救处理

(一)玻璃割伤

小心除去伤口的碎片，用医用双氧水擦洗，用纱布包扎好。

(二)烫伤

烫伤处涂抹苦味酸溶液、烫伤膏或万花油，不可用水冲洗；特别严重的地方，可用纯净的碳酸氢钠涂抹，上面覆以干净的纱布。

(三)眼睛的灼伤

溶于水的化学物质溅入眼睛，应立即用大量清水冲洗，然后根据物质的性质进行急救处理。实验室应常备稀硼酸、稀醋酸、稀碳酸氢钠溶液，放置于急救药箱及可能接触到强腐蚀性药品的地方，以备急用。

(四)触电

应立即拉开电闸，切断电源，尽快用绝缘物质，如干燥的木棒、竹竿等将触电者与电源隔离。

(五)培养物等传染性物质的破碎

在试验操作过程中，传染性物质污染的小玻璃瓶、试管等容器破碎时，应佩戴手套进行处理。先用布或纸巾将其覆盖，然后将消毒剂倾倒其上，放置30 min后清除掉。玻璃碎片应当用镊子小心清理，污染区域应当用消毒剂清洗。破碎物品清理时，如果使用了簸箕，应将其进行高压灭菌或用消毒剂浸泡24 h。清理时使用过的布、纸巾、抹布及拖把等应放入污染废弃物容器。

(六)伤害事故可能导致强毒微生物感染

在试验操作过程中，如果被针头刺破或锐器割伤，接触到感染性液体，首先应进行局部处理，用肥皂和水清洗污染的皮肤，挤压伤口并尽可能挤出损伤处的血液，再用肥皂或清水大量冲洗，然后用消毒液浸泡或涂抹消毒并包扎伤口。在操作过程中，如果发生培养物污染材料溅落身体表面的情况，首先使用喷淋装置尽快将污染物冲洗掉，然后进行局部处理。

能力进阶

依据农产品食品检验员职业技能等级证书中微生物基础检验的技能要求，微生物检验无菌用品的准备应巩固以下问题：

知识题：1. 新购置的玻璃器皿为什么需要清洗?

2. 怎么判断玻璃器皿是否清洗干净?

3. 检验用品在灭菌前为什么需要包扎?

4. 比较几种常用灭菌方式的优点和缺点。

技能题：设计试验方案对培养基进行灭菌。

任务四　培养基的配制与灭菌

任务描述

培养基为微生物生长提供营养物质，根据任务一中分析确定的产红色色素酵母菌生长的营养物质，为其配制培养基并灭菌。

任务目标

1. 熟悉培养基的类型及应用。
2. 掌握培养基配制原则。
3. 能够根据目标菌株的营养特点选择适宜的培养基并进行配制。
4. 通过培养基成分的选择与称量，树立成本意识，具备经济节约观念。

任务准备

1. 知识准备：培养基的配制原则、方法与灭菌相关知识。

2. 材料准备：高压蒸汽灭菌锅、天平、干燥箱、电炉、药匙、称量纸、烧杯、玻璃棒、pH试纸、漏斗、铁架台、橡皮管、弹簧夹、锥形瓶、试管、培养皿、棉塞、棉绳、报纸或牛皮纸、标签等。

3. 试剂准备：根据确定的培养基配方准备相应的试验药品与试剂。

任务实施

微课：培养基的配制与灭菌

序号	实施步骤	实施内容	操作要点
1	试剂称量	根据培养基配方，准确计算并称取各种试剂成分	在称量前应核对药品质量是否符合要求
2	溶解	在烧杯中加所需水量的一半，然后依次将各种试剂加入水中，用玻璃棒搅拌使之溶解，如有某些不易溶解的试剂，如牛肉膏、蛋白胨等，可事先在小烧杯中加入少量水，加热使其溶解后再加入烧杯。待试剂全部放入烧杯后加热，使其充分溶解并补足需要的全部水分，混合均匀，即液体培养基。 在配制固体培养基时，应预先将琼脂称量好，然后将液体培养基煮沸，再把琼脂加入，继续加热至琼脂完全熔化。待琼脂完全熔化后，再用热水补足因蒸发而损失的水分	1. 如有些试剂使用量很少，不宜称量，可先配制成高浓度的溶液，按比例换算后取一定体积的溶液加入烧杯。 2. 固体培养基在加热过程中应注意不断搅拌，防止琼脂沉淀在锅底烧焦，并应控制好火力，以免培养基因爆沸而溢出烧杯
3	调节 pH 值	液体培养基配制好后，如果要求为自然 pH 值时，培养基不需要调节 pH 值，除此之外，一般都需要进行 pH 值调节。调节 pH 值之前，应预先测定培养基的初始 pH 值，可以使用精密 pH 试纸进行测定。常用 1 mol/L 的盐酸或氢氧化钠溶液进行调节。若要精确调节 pH 值可用 pH 计进行。 固体培养基 pH 值的调节方法与液体培养基相同，一般在加入琼脂后进行	1. 液体培养基调节 pH 值时，应当待营养物质完全溶解并冷却至室温时才能进行。 2. 固体培养基调节 pH 值时，应将培养基温度保持在 80 ℃以上，防止因琼脂凝固而影响调节操作
4	培养基的分装	培养基配制好后，按照不同的使用目的，分装到试管或锥形瓶中。装入试管的培养基视试管大小及需要而定。试管分装时，取一个漏斗，装在铁架台上，漏斗下连接一根橡皮管与另一玻璃管嘴相连，橡皮管上加一弹簧夹。分装时，用左手拿住空试管中部，并将漏斗下的玻璃管嘴插入试管，以右手拇指及食指开放弹簧夹，中指及无名指夹住玻璃管嘴，使培养基直接流入试管。锥形瓶分装则直接装入适宜的量即可	对于液体培养基，分装至试管高度的 1/4 左右为宜；对于固体培养基，分装至试管高度的 1/5 为宜；对于半固体培养基，分装至试管高度的 1/3～1/2 为宜。用锥形瓶分装培养基时容量以不超过容积的 1/2 为宜
5	培养基的包扎	培养基分装完毕后，在试管口或锥形瓶口塞上棉塞，在棉塞外包一层牛皮纸或报纸，防止灭菌时冷凝水润湿棉塞，然后用棉绳绑扎好，贴上标签。锥形瓶加塞后，同样外包牛皮纸或报纸，用棉绳扎好，贴上标签	棉塞可以阻止外界微生物进入培养基，避免造成污染，并保证有良好的通气性能

续表

序号	实施步骤	实施内容	操作要点
6	灭菌	培养基的灭菌采用高压蒸汽灭菌法。 1. 加水。打开灭菌锅盖，将内胆取出，向锅内加水至水位线。 2. 装锅。将待灭菌的物品放入灭菌锅，不要装得太满，物品之间要留有适当的空隙以利于蒸汽的流通。 微课：高压蒸汽灭菌锅的结构 3. 加盖。盖上锅盖，旋转手轮压紧锅体，保证灭菌时不漏气，打开放气阀。 4. 排气。加热使水沸腾，将锅中产生的水蒸气和空气一起从放气阀中排出。当有大量蒸汽排出时，维持 5 min，将锅内的冷空气完全排尽，然后关闭放气阀。 微课：高压蒸汽灭菌锅的使用 5. 灭菌。放气阀关闭后，锅内的压力开始上升，进入自动灭菌程序。培养基的灭菌条件一般为 121 ℃(0.1 MPa)，15～30 min。待达到规定时间后，停止加热，锅内的压力慢慢下降，最后降至 0。 6. 打开放气阀，放净锅内剩余的蒸汽，打开锅盖，取出灭菌物品，注意不要烫伤	1. 灭菌锅中的水不能加得过少，以免灭菌锅烧干引起爆炸。 2. 装有培养基的容器放入灭菌锅时要防止液体溢出，瓶塞不要紧贴锅壁，防止冷凝水沾湿棉塞。 3. 锅内冷空气完全排尽，才能关闭放气阀，否则实际压力达不到要求状态，影响灭菌效果。 4. 在锅内压力未完全降到 0 时，切勿打开锅盖，否则会造成培养基剧烈沸腾冲出锥形瓶口或试管口，造成灭菌失败，引起杂菌污染
7	倒平板	将已灭菌的固体培养基冷却至 50 ℃左右，以无菌操作的方式倾入无菌培养皿。右手握住锥形瓶，左手持培养皿的同时用小指和手掌将锥形瓶的棉塞打开，左手的大拇指和中指将培养皿盖打开一道缝，宽度为瓶口刚好深入为宜，倾入培养基 12～15 mL。迅速盖好皿盖，轻轻旋转晃动，使培养基均匀分布于整个培养皿底部，静置冷却，待凝固后备用(见图 3-5)	1. 固体培养基灭菌后要趁热倒平板，以防凝固。 2. 固体培养基冷却温度以 50 ℃左右为宜，如果温度过高，容易在皿盖上形成太多的冷凝水；如果温度过低，则培养基容易凝固
8	摆斜面	将已灭菌的试管培养基冷却至 50 ℃左右，试管口搁在高度适合的器具上，斜面的长度不超过试管长度的 1/2。待斜面完全凝固后，收起备用。制作半固体或固体深层培养基时，灭菌后应直接垂直放置，直至冷却凝固(见图 3-5)	摆放斜面时，注意不可使培养基沾污棉塞，且冷却凝固过程中切勿移动试管。制成斜面以稍有凝结水析出为佳
9	无菌检查	灭菌后的培养基一般需要进行无菌检查。通常从灭菌的试管或锥形瓶中取出 1～2 份，于 30～37 ℃下保温培养 1～2 d。如发现有杂菌生长，应及时再次灭菌	培养基使用时应保证是绝对无菌的
10	清理	试验完毕后，清理试验用品，整理实验台	试验用品使用完毕应及时洗刷干净，以免残留的培养基引起微生物生长

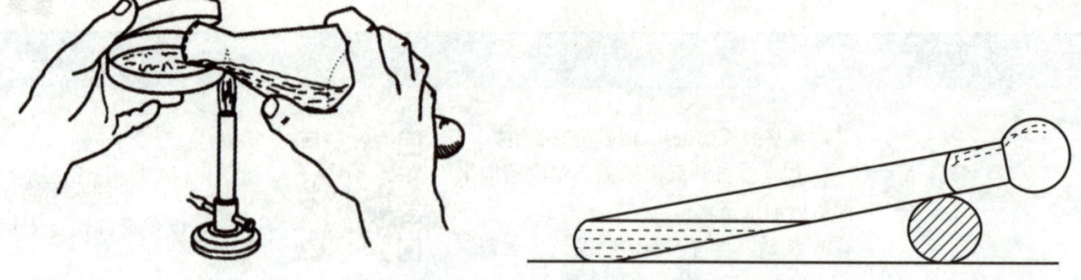

图 3-5　倒平板、摆斜面示意

安全贴士

1. 培养基在加热溶解和分装时温度比较高，应戴上隔热手套，以免烫伤。

2. 使用高压蒸汽灭菌锅灭菌时，应严格按照操作规程使用，以免产生烫伤、触电危险。使用完毕后，应及时关闭电源，复原归位，仔细检查无问题后方可离开。

实施报告

培养基的配制与灭菌实施报告

培养基名称		配制时间	
培养基配方			
灭菌温度与时间		pH	
分装类型	数量	无菌检查结果	存放地点
培养基配制过程：			
遇到问题及解决方法：			
检验员： 复核人：		日期： 日期：	

任务评价

内容	评分标准	分值	得分
试验准备	工作服穿戴整齐	2	
	试验试剂耗材准备齐全	3	
试剂称量	准确称量各种原料，使用节约	5	
溶解	溶解操作准确，各原料溶解充分，加热溶解固体培养基时，无爆沸溢出现象	8	
调节 pH	能够使用 pH 试纸或 pH 计进行 pH 值调节。pH 值调节准确，无回调操作	5	
培养基的分装	培养基没有沾污管口棉塞，试管或锥形瓶中的分装量适宜	8	
培养基的包扎	准确进行试管和锥形瓶的包扎	6	
灭菌	规范使用高压蒸汽灭菌锅，灭菌条件设置准确	12	
倒平板	严格无菌操作，倾入培养基适量，凝固后光滑平整	10	
摆斜面	斜面放置长度适宜，斜面光滑，棉塞无沾污	8	
无菌检查	制作好的培养皿和斜面无杂菌生长	8	
实施报告	报告填写认真、字迹清晰，各项目填写准确	10	
清洁整理	清洁并整理实验台	5	
综合素养	树立成本意识，具备经济节约观念	10	
得分合计			

知识链接　微生物的培养基

为了研究和利用微生物，需要人为地创造适宜微生物生长繁殖的环境。培养基是人工配制的各种营养物质比例适宜、适合微生物生长繁殖或积累代谢产物所需要的营养基质。培养基可用于微生物的分离、培养、鉴定及微生物发酵生产等方面。

培养基必须具备微生物生长所需要的营养物质和环境条件，并经过彻底灭菌，保持无菌状态，否则会杂菌丛生，并破坏其固有的营养成分和性质。设计和制作合适的培养基是从事微生物研究和发酵生产的重要基础工作，设计和配制培养基时，必须依据微生物生长所需要的营养物质和环境条件进行设计，只有这样才能配制出适合微生物生长需要的培养基。

一、培养基的配制原则

(一)明确配制目的

在培养基配制之前，需要明确培养基的用途，培养的是何种微生物；想获得菌体本身还是其代谢产物；是进行菌种鉴别还是生物学特性研究；是进行一般试验还是生理、生化、遗传学研究；是用作一般实验室研究，还是大批量生产使用等。不同种类的微生物对营养物质的需求不同；同一种微生物，培养目的不同，所需的营养物质也不同。因此，明确培养基配制的目的是培养基配制的首要问题。

(二)选择营养物质

微生物生长繁殖需要的营养物质有碳源、氮源、无机盐、生长因子、水和能源等，但由于微生物营养类型复杂，不同类型微生物对营养物质的需求不同，因此应根据微生物的类型及营养需求配制相对应的培养基。在实验室中常用牛肉膏蛋白胨培养基(或普通肉汤培养基)培养细菌；用高氏Ⅰ号培养基培养放线菌；用麦芽汁培养基(或马铃薯葡萄糖琼脂培养基)培养酵母菌；用查氏培养基(或马铃薯葡萄糖琼脂培养基)培养霉菌。自养型微生物能用简单的无机物合成自身需要的糖类、脂类、蛋白质、核酸、维生素等复杂的有机物。因此，培养自养型微生物的培养基完全可以由无机物组成，而异养型微生物的培养基中至少要有一种有机物。自生固氮微生物的培养基不需要添加氮源，否则会丧失固氮能力。对于某些需要生长因子才能生长的微生物，还需要在培养基中添加它们所需要的生长因子。

(三)调节浓度及配合比

培养基中营养物质浓度适宜微生物才能生长良好，营养物质浓度过低时不能满足微生物正常生长需要，也不利于营养物质进入细胞；过高时会使培养基的渗透压增大，可能对微生物生长起到抑制或杀伤作用，还会造成浪费。例如，高浓度糖类物质(如无机盐、重金属离子等)不仅不能维持和促进微生物的生长，反而会抑制或杀死微生物。培养基中营养物质的配合比关系是影响微生物生长繁殖及累积代谢产物的重要因素，尤其是碳氮比。碳氮比一般是指培养基中碳元素与氮元素的物质的量之比，碳源不足，菌体易衰老和自溶；氮源不足，菌体易生长过慢。通常，细菌和酵母菌培养基的碳氮比为5∶1，霉菌培养基的碳氮比为10∶1。发酵工业中通过控制培养基的碳氮比来控制微生物的代谢。如在谷氨酸的生产发酵中，当培养基的碳氮比为4∶1时，菌体大量繁殖，谷氨酸积累较少；当培养基的碳氮比为3∶1时，菌体繁殖受到抑制，谷氨酸则大量合成。在抗生素发酵生产过程中，可以通过控制培养基中速效氮源与迟效氮源之间的比例来控制协调菌体生长与抗生素的合成。

培养基中各种无机盐、生长因子的含量也要控制和均衡。磷、钾的含量一般为0.05%左右，镁、硫的含量一般在0.02%左右。除对生长因子有特殊要求的微生物外，培养基中一般不需要添加生长因子。

(四)控制适宜的理化条件

1. pH值

培养基的pH值必须控制在一定范围内，以满足不同类型微生物的生长繁殖或产生代谢产物的需要。一般来说，细菌生长的最适pH值为7.0～7.5；放线菌生长的最适pH值为7.5～8.5；酵母菌生长的最适pH值为3.8～6.0；霉菌生长的最适pH值为4.0～5.8。

微生物在生长、繁殖和代谢过程中，由于营养物质不断被分解利用和代谢产物逐渐生成

与积累，导致培养基的pH值发生变化。例如，微生物在含糖培养基上生长时会产生有机酸和二氧化碳，使培养基的pH值下降；分解蛋白质和氨基酸会产生氨气，使培养基的pH值上升。培养基pH值的改变不利于微生物的进一步生长，因此，为了维持培养基pH值的相对恒定，通常在培养基中加入缓冲剂(如磷酸盐、碳酸盐、蛋白胨等)以减缓培养过程中pH值的变化。常用的缓冲剂是由K_2HPO_4和KH_2PO_4组成的混合物。K_2HPO_4溶液呈碱性，KH_2PO_4溶液呈酸性，两种物质的等量混合溶液pH值为6.8。当培养基中酸性物质累积导致H^+浓度增加时，H^+与弱碱性盐结合形成弱酸性化合物，培养基的pH值不会过度降低；如果培养基中OH^-浓度增加，OH^-则与弱酸性盐结合形成弱碱性化合物，培养基的pH值也不会过度升高。

K_2HPO_4和KH_2PO_4缓冲系统只能在一定的pH值范围(pH值为6.4～7.2)内起调节作用，但有些微生物，如乳酸菌能产生大量乳酸，上述缓冲系统难以起到有效的缓冲作用，此时可以在培养基中添加难溶的碳酸盐(如$CaCO_3$)来进行调节。$CaCO_3$难溶于水，不会使培养基pH值过度升高，但可以不断中和微生物产生的酸，同时释放出CO_2，将培养基的pH值控制在一定范围内。在培养基中还存在一些天然的缓冲系统，如氨基酸、肽、蛋白质都属于两性电解质，也可以起到缓冲剂的作用。

2. 氧化还原电位

不同类型微生物的生长对氧化还原电位的要求不同，一般好氧微生物的氧化还原电位为+0.1 V以上，一般以+0.3～+0.4 V为宜；厌氧微生物只能在低于+0.1 V条件下生长；兼性厌氧微生物在+0.1 V以上时进行好氧呼吸，在+0.1 V以下时进行发酵。氧化还原电位值与氧分压和pH有关，也受某些微生物代谢产物的影响。在pH值相对稳定的条件下，可通过增加通气量(如振荡培养、搅拌、通无菌空气等)提高培养基的氧分压，或加入氧化剂，从而增加氧化还原电位；在培养基中加入抗坏血酸、硫化氢、半胱氨酸、谷胱甘肽、二硫苏糖醇等还原性物质可降低氧化还原电位。

3. 渗透压

绝大多数微生物适宜在等渗溶液中生长。高渗溶液会使细胞发生质壁分离，而低渗溶液会使细胞吸水膨胀，严重者会导致膨胀死亡。一般培养基的渗透压都是适合微生物生长的，但为了特殊需要，有时需增大某一营养物质或矿物质盐的用量。当培养嗜盐微生物和嗜渗透微生物时便需要提高培养基的渗透压，培养嗜盐微生物时常加适量氯化钠；培养海洋微生物时氯化钠的质量分数可达到3.5%；培养嗜渗透微生物时，蔗糖浓度可接近饱和。

(五)经济节约

配制培养基时，在不影响培养效果的前提下，应尽量选择低价且易于获得的原料作为培养基的成分。用于微生物学试验时，为了便于观察菌落形态，培养基成分宜选择容易加工、使用方便的葡萄糖、蔗糖、牛肉膏、蛋白胨等原料。用于发酵工业中，由于培养基用量很大，宜选择价格低、资源丰富、配制方便的原料，如糖蜜(制糖工业中含有蔗糖的废液）、乳清（乳制品工业中含有乳糖的废液）、豆制品工业废液和黑废液（造纸工业中含有戊糖和己糖的亚硫酸纸浆）等。在保证微生物生长及代谢产物积累的前提下应遵循经济节约的原则，即以粗代精、以废代好、以简代繁、以纤代糖、以野代家、以烃代粮。大量的农副产品或制品，如麸皮、谷皮、米糠、玉米浆、酵母浸膏、酒糟、豆饼、花生饼、蛋白胨、淀粉渣等都是常用的发酵工业原料。

二、培养基的种类及应用

素养提升

请扫描二维码学习：拓展思路，解救饥荒——用微生物造出“人造肉”

微生物种类不同、所需要的营养物质不同，配制的培养基便不同；同一种微生物的研究目的不同，对培养基的要求也不同。一般根据营养物质的来源、培养基的物理状态及用途等，培养基可划分为以下几种类型。

（一）按培养基成分划分

1. 天然培养基

天然培养基是利用各种动物、植物、微生物细胞或其提取物、粗消化产物等材料制作的，化学成分尚不清楚或不恒定的培养基。天然培养基的优点是取材广泛、营养丰富、配制方便、经济节约，适用于各类异养型微生物的培养；缺点是其成分不完全清楚，也不稳定，用于精确科学试验时结果重复性差。天然培养基适用于实验室中的一般粗放性试验或工业上大规模的微生物发酵生产。常用的天然有机营养物质包括牛肉膏、蛋白胨、酵母浸膏、豆芽汁、马铃薯、麦曲汁、玉米粉、土壤浸液、麸皮、牛奶、血清、稻草浸汁、胡萝卜汁、椰子汁、植物秸秆等。牛肉膏蛋白胨培养基和麦芽汁培养基就属于此类型。

2. 合成培养基

合成培养基是利用化学成分和含量完全已知的营养物质配制而成的培养基。合成培养基的优点是成分精确、固定、容易控制、试验的重复性强；缺点是较天然培养基成本较高，微生物在其中生长速度较慢。其一般适用于实验室对微生物进行营养需求、代谢、分类鉴定、菌种选育和遗传分析等要求较高的定性、定量测量和研究等工作。高氏Ⅰ号培养基和查氏培养基就属于此类型。

3. 半合成培养基

半合成培养基是既有天然有机物，又有已知成分的化学药品，通常在天然培养基的基

础上，适当加入已知成分的无机盐类，或在合成培养基的基础上添加某些天然成分而制成的培养基。半合成培养基的营养成分更加全面、均衡，能充分满足微生物对营养物质的需要，适用于多数微生物的培养，是实验室和发酵工业最常用的一类培养基。培养真菌用的马铃薯葡萄糖琼脂培养基就属于此种类型。

(二)按物理状态划分

1. 液体培养基

液体培养基是将各种营养物质全部溶解于水中配制而成的液体状态培养基。培养基中未添加任何凝固剂，微生物在液体培养基中可充分接触养分，有利于生长繁殖及代谢产物的积累。在用液体培养基培养微生物时，通过振荡或搅拌可以增加培养基中的含氧量，同时使营养物质分布均匀。液体培养基便于灭菌、运输和检测，常用于大规模工业化生产及在实验室内进行微生物生理代谢的基础理论和应用方面的研究，如酒精生产、啤酒生产和乳制品生产等。

2. 固体培养基

固体培养基是在液体培养基中加入一定量的凝固剂使其成为固体状态的培养基。理想的凝固剂应不被所培养的微生物分解利用；在微生物生长的温度范围内保持固体状态；凝固点不能太低，否则不利于微生物的生长；对所培养的微生物无毒害作用，在灭菌过程中不会被破坏，透明度好，黏着力强；配制方便且价格低。

常用的凝固剂有琼脂、明胶和硅胶，对于绝大多数微生物而言，琼脂是最理想的凝固剂。琼脂是从藻类(海产石花菜)中提取的一种高度分支的复杂多糖，主要由琼脂糖和琼脂胶两种多糖组成，大多数微生物不能降解琼脂，灭菌过程中不会被破坏，且价格低，添加量一般为培养基质量分数的1.5%～2.0%。明胶是由胶原蛋白制备获得的产物，是早期用来作为凝固剂的物质，但由于其凝固点太低，而且某些细菌和许多真菌产生的非特异性胞外蛋白酶及梭菌产生的特异性胶原酶都能液化明胶，目前已较少作为凝固剂使用。硅胶是由无机硅酸钠及硅酸钾被盐酸与硫酸中和凝聚而成的胶体，它不含有机物，适合配制分离与培养自养型微生物的培养基。在实验室中，固体培养基一般加入平皿或试管，制成培养微生物的平板或斜面，在微生物分离、鉴定、计数、菌种保藏等方面起到非常重要的作用。

另外，一些由天然固体基质配制成的培养基也属于固体培养基。例如，由麸皮、米糠、豆饼、玉米粒、马铃薯块、胡萝卜条、小米、棉籽壳、木屑等原料经除杂、粉碎和蒸料后得到的培养基均是固体培养基，可直接用于发酵生产，如生产酒的酒曲及生产食用菌的棉籽壳培养基等。

3. 半固体培养基

液体培养基中加入少量凝固剂使之呈柔软的糊状的培养基。凝固剂添加量通常为质量分数的0.2%～0.7%。此培养基在静止时呈固态，剧烈振荡后呈流体态，常用于观察细菌运动、菌种保存、菌种鉴定和噬菌体的效价测定等方面。

(三)按用途划分

1. 基础培养基

尽管微生物的营养要求各不相同，但大多数微生物所需的基本营养物质是相同的。基础培养基就是含有一般微生物生长繁殖所需要的基本营养物质的培养基，如牛肉膏蛋白胨培养基、高氏Ⅰ号培养基、马铃薯葡萄糖琼脂培养基等都属于基础培养基。基础培养基也可以作为某些特殊培养基的基础成分，再根据某种微生物的特殊营养需求，在基础培养基中加入所需的营养物质。

2. 加富培养基

加富培养基是在基础培养基的基础上加入某些特殊营养物质，使其只利于某一类型微生物的生长繁殖而配制成的培养基。这些特殊营养物质包括血液、血清、酵母浸膏、动植物组织液等。加富培养基一般用来培养某些对营养要求比较苛刻的微生物，该营养物质不利于其他类型微生物的生长，使该微生物在此培养基中较其他微生物生长速度快，逐渐富集而占据绝对优势，逐步淘汰其他微生物，从而达到分离的目的，如培养百日咳博德特氏菌需要含有血液的加富培养基；培养基中加入石蜡油，有利于以石蜡油为碳源的微生物的增殖和分离。

3. 鉴别培养基

鉴别培养基是在培养基中加入与某种微生物代谢产物产生明显特征变化的物质，从而能用肉眼快速鉴别微生物的培养基。微生物在生长过程中可产生某种代谢产物，与加入培养基中的特定试剂或药品发生反应，产生明显的变色圈、透明圈、液化圈、水解圈等，根据这些特征性变化，可将该种微生物与其他微生物区别。鉴别培养基主要用于微生物的分类鉴定及分离筛选产生某种代谢产物的菌种，如使用伊红美蓝培养基鉴别食品中的大肠杆菌，大肠杆菌存在，其代谢产物与伊红、美蓝结合，使菌落呈现深紫色并带有金属光泽。部分常用鉴别培养基见表 3-10。

表 3-10　部分常用鉴别培养基

培养基名称	加入化学物质	微生物代谢产物	培养基特征	主要用途
酪素培养基	酪素	胞外蛋白酶	蛋白水解圈	鉴别产胞外酶菌株
明胶培养基	明胶	胞外蛋白酶	明胶液化圈	
油脂培养基	食用油、中性红、吐温指示剂	胞外蛋白酶	由淡红色变成深红色	鉴别产脂肪酶菌株
淀粉培养基	可溶性淀粉	胞外蛋白酶	淀粉水解圈	鉴别产淀粉酶菌株
硫化氢培养基	醋酸铅	硫化氢	产生黑色沉淀	鉴别产硫化氢菌株
糖发酵培养基	溴甲酚紫	乳酸、醋酸、丙酸等	由紫色变成黄色	鉴别肠道细菌
远藤式培养基	碱性复红、亚硫酸钠	酸、乙醛	带金属光泽深红色菌落	鉴别水中大肠菌群
伊红美蓝培养基	伊红、美蓝	酸	带金属光泽深紫色菌落	

4. 选择培养基

选择培养基是将某种或某类微生物从混杂的微生物群体中分离出来的培养基。根据不同种类微生物的特殊营养需求或对某种化学物质的敏感性不同，在培养基中加入相应特殊营养物质或化学物质，抑制不需要的微生物的生长，有利于所需微生物的生长。选择培养基可分为两种类型：一种是依据某些微生物的特殊营养需求而设计；另一种是在培养基中加入某种化学物质，这种化学物质没有营养作用，对所分离的微生物无害，但可以抑制或杀死其他微生物。例如，在培养基中加入青霉素或结晶紫的选择培养基，能抑制大多数革兰阳性菌的生长，以便分离出革兰阴性菌。在分离真菌的培养基中加入链霉素、青霉素、氯霉素等，可以抑制细菌和放线菌的生长，从而将真菌分离出来。从某种意义上讲，选择培养基与加富培养基类似，两者区别在于，选择培养基是抑制不需要微生物的生长，使所需微生物增殖，从而达到分离所需微生物的目的；加富培养基是增加待分离微生物数量，使其形成生长优势，从而分离得到该种微生物。部分选择培养基设计见表 3-11。

表 3-11　部分选择培养基设计

设计原理	欲分离微生物	选择培养基设计
满足欲分离微生物的特殊营养需求	分解纤维素或石蜡油的微生物	以纤维素或石蜡油作为唯一碳源
	产胞外蛋白酶的微生物	以蛋白质作为唯一氮源
	固氮微生物	缺乏氮源的培养基
在培养基中加入某化学物质，抑制或杀死其他微生物	伤寒沙门氏菌	在培养基中加入亚硫酸铵
	革兰阴性菌	在培养基中加入染料亮绿或结晶紫
	酵母菌和霉菌	在培养基中加入青霉素、四环素或链霉素
	放线菌	在培养基中加入数滴 10%的酚

(四)按生产目的来分

1. 孢子培养基

孢子培养基是用来使菌种产生孢子的固体培养基。孢子培养基能使菌体迅速生长，并产生大量优质孢子，不易引起变异。孢子培养基要求营养不能太丰富，尤其是氮源，否则不易产生孢子；无机盐浓度适当，否则会影响孢子的颜色和数量；培养基的湿度和 pH 值也会对孢子产量产生影响。工业生产常用的孢子培养基包括麸皮培养基、小米培养基、大米培养基和玉米碎屑培养基等。

2. 种子培养基

种子培养基是专门用于微生物孢子萌发、大量生长繁殖、产生足够菌体的培养基。使用种子培养基是为了获得数量充足、质量较好的健壮菌体，一般营养物质丰富且充足，氮源和维生素含量高，易被利用。种子培养基一般要求培养基中含有丰富的天然有机氮源，因为某些氨基酸可以刺激孢子萌发。如果是固体培养基，则要求基质疏松且易于换气和散热，如酱油生产中使用的由麸皮、豆粕、水等配制的种子培养基。

3. 发酵培养基

发酵培养基是专门用于微生物积累大量代谢产物的培养基。发酵培养基要求营养成分总量较高，碳氮比适宜。发酵培养基不是微生物最适生长培养基，它适用于菌种生长、繁殖和合成代谢产物，是为了使微生物迅速地、最大限度地产生代谢产物。

培养基是微生物菌体生长繁殖、发酵生产和科学研究的重要物质基础。在实际应用过程中，应根据不同类型培养基的特点，灵活选择、具体应用。除上述类型外，培养基按用途还包括分析培养基、组织培养基和还原性培养基等。尽管如此，有些病毒和立克次氏体目前还不能利用人工培养基来培养，需要接种在动植物体内、动植物组织中才能增殖，如鸡胚常用来培养某些病毒与立克次氏体，是良好的天然活体营养物质。

能力进阶

依据农产品食品检验员职业技能等级证书中微生物基础检验的技能要求，培养基的配制与灭菌应巩固以下问题：

知识题：1. 培养基的配制原则有哪些？

2. 培养基配制完成后是否需要立即灭菌，为什么？

3. 如何调节培养基的 pH 值？

4. 如果高压蒸汽灭菌锅中的冷空气未排尽，对灭菌效果有何影响？

技能题：请设计一款适用于细菌培养的培养基。

任务五　微生物的接种

任务描述

实验室现有大肠杆菌和酿酒酵母，欲对其进行扩大培养，请完成斜面接种和液体接种。

任务目标

1. 熟悉微生物接种类型。
2. 能够区别各接种方法，并根据目的要求完成不同的接种操作。
3. 严格无菌操作，强化微生物无菌意识，培养严谨的工作态度。

任务准备

1. 知识准备：微生物的接种方法及适用范围相关知识。
2. 材料准备：接种环、接种针、酒精灯、打火机、标签、70%酒精棉球、涂布棒、无菌操作台、恒温培养箱等。
3. 菌种准备：大肠杆菌、酿酒酵母。
4. 培养基准备：牛肉膏蛋白胨培养基、麦芽汁培养基。

序号	培养基	配制
1	牛肉膏蛋白胨培养基	牛肉膏 3 g，蛋白胨 10 g，氯化钠 5 g，琼脂 15～20 g，蒸馏水 1 L；pH=7.2～7.4，121 ℃灭菌 20 min
2	麦芽汁培养基	麦芽汁 150 mL，琼脂 3 g，蒸馏水 1 L；121 ℃灭菌 20 min

任务实施

微课：微生物的接种技术

序号	实施步骤	实施内容	操作要点
1	超净工作台的灭菌	打开超净工作台的紫外灯，灭菌 30 min	超净工作台灭菌过程中不能进行任何操作
斜面接种			
2	接种前准备	接种前，将无菌斜面培养基试管上贴上标签，标签贴在斜面的正上方，距离试管口 2～3 cm 处。点燃酒精灯，用 70%酒精棉球擦拭手和台面	标签上需注明接种的菌名、接种日期、接种人姓名等内容
3	手握斜面	将菌种管和空白斜面试管的斜面向上，左手四指并拢伸直，把菌种试管放于食指和中指之间，待接种的斜面培养基试管放于中指和无名指之间，拇指按住两支试管底部，两支试管一起并于左手中，呈近似水平状态。右手将两支试管的棉塞都旋转一下，使之松动，便于接种时拔出	接种操作过程中应轻拿轻放，不要有大幅度或快速的动作
4	接种环灭菌	右手持接种环柄，先使接种环垂直于火焰上，将环端充分烧红灭菌，然后将接种时有可能伸入试管的柄部，在火焰上来回灼烧数次灭菌	接种用具使用前后都应灼烧灭菌
5	拔棉塞	将两支试管的管口部分靠近火焰，用右手小指和手掌边缘同时夹住两个棉塞，也可用右手无名指和小指夹住前方菌种试管的棉塞，再用小指和手掌边夹住后方斜面培养基试管的棉塞。将试管口迅速在火焰上微烧一周，以杀灭试管口上可能沾染的少量杂菌或尘埃中带入的细菌	拔出的棉塞应始终夹在手中，切勿放在桌上，以免污染
6	取菌种	将经灼烧灭菌的接种环伸入菌种管，先接触没有菌苔的培养基部分，使接种环冷却，以免烫死待移接的菌体，然后轻轻接触菌苔，蘸取少量菌体(必要时可将环在菌苔上稍微刮一下)，再慢慢将接种环抽出试管	接种环从试管中取出时不要让沾有菌苔的环触碰到管壁，取出后勿使环通过火焰
7	斜面接种	在火焰旁迅速将带菌接种环伸入另一试管，自斜面底端开始轻轻画蜿蜒曲线或直线，一直画到斜面顶端	划线时注意接种环要平放，不要把培养基划破，也不要使菌种沾污到管壁

续表

序号	实施步骤	实施内容	操作要点
8	灭菌	抽出接种环，将两支试管的管口再次置于火焰上烧灼，然后塞上棉塞。将接种环烧红，杀死环上的残菌	塞棉塞时注意不要用试管口去迎棉塞，以免移动时进入不洁空气而污染杂菌
液体接种			
9	取菌种	接种环灭菌，从斜面培养基上移取菌种，操作同斜面接种	注意无菌操作
10	液体接种	用右手小指和手掌拔出棉塞，瓶口和棉塞迅速过火焰灭菌，然后将接种环移入液体培养基，在液体表面振荡或在其壁上轻轻摩擦，使菌苔散开。抽出接种环，将瓶口再次在火焰上烧灼，塞好棉塞，将液体培养基摇匀	用液体培养物接种液体培养物时，可直接用无菌吸管或移液管吸取菌液，直接加入待接种的液体培养基
11	灭菌	抽出接种环，然后塞上棉塞。将接种环烧红，杀死环上的残菌。放回接种环后，将棉塞进一步塞紧，以免脱落	将接种环先在温度较低的内焰处灼烧，逐渐移至外焰灭菌，不要直接在外焰烧环，以免残留在环上的菌体爆溅而污染环境
12	培养	将已接种的培养基放于恒温培养箱中培养，1 d 后观察结果，记录生长情况	培养条件设置要准确
13	清理	试验完毕后，擦净显微镜并复原，载玻片放置消毒缸中清洗干净后备用，整理实验台	带菌的载玻片应灭菌后再清洗

斜面接种操作如图 3-6 所示。

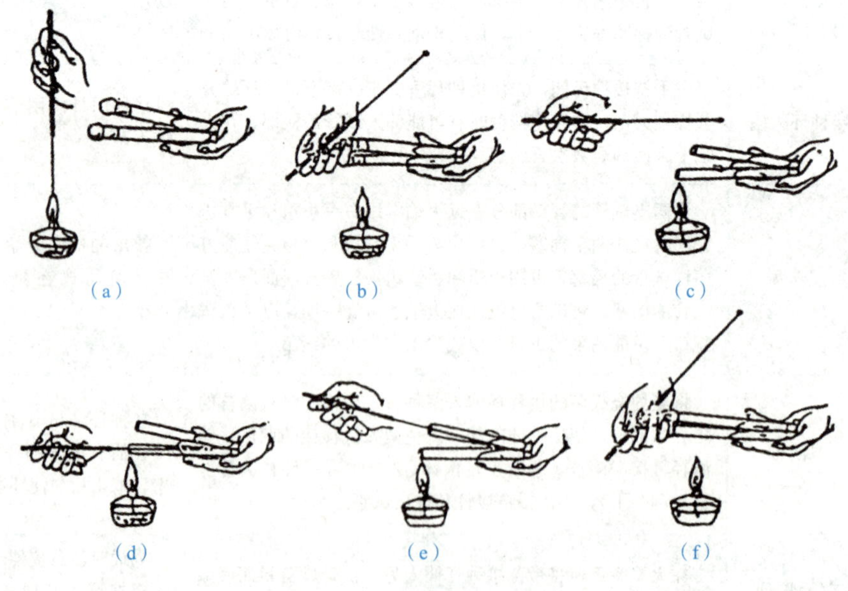

图 3-6　斜面接种操作

(a)接种灭菌；(b)开启棉塞；(c)管口灭菌；(d)挑起菌苔；(e)接种；(f)塞好棉塞

安全贴士

1. 试管口和锥形瓶口过火焰时切勿烧得过烫，以免引起炸裂。

2. 在接种过程中，不应有大幅度或快速动作，以免带动不洁颗粒进入培养基，引起微生物污染。

3. 双手离开超净工作台后，再次进入时需要重新消毒。

实施报告

微生物的接种实施报告

检验项目			检验日期	
菌种	接种方式	培养条件	培养结果	
接种操作要点总结：				
遇到问题及解决方法：				
检验员： 复核人：			日期： 日期：	

任务评价

内容	评分标准	分值	得分
试验准备	工作服穿戴整齐	2	
	试验试剂耗材准备齐全	3	
超净工作台的灭菌	灭菌时间设置准确，灭菌效果良好	5	
接种前准备	标签内容完整，位置合理，超净工作台台面和操作人员的手部正确消毒	6	
手握斜面	握持试管的姿势正确，斜面向上	5	

续表

内容	评分标准	分值	得分
接种环灭菌	接种环灭菌方式正确，灭菌充分	5	
拔棉塞	拔棉塞姿势正确，棉塞未放到桌面上或沾染其他污染物	5	
取菌种	取菌操作正确，接种环伸入时先冷却，抽出时未触碰到试管壁	10	
斜面接种	接种操作正确，接种环未划破培养基，未沾污到试管壁	10	
液体接种	菌种接入培养基后充分混合均匀	10	
灭菌	试管口或锥形瓶口再次过火焰灭菌，塞好棉塞，接种环再次灼烧灭菌	7	
培养	培养条件设置准确	5	
实施报告	报告填写认真、字迹清晰	5	
	准确记录接种后各培养基中菌种的生长情况	7	
清洁整理	使用过的菌种进行灭菌后处理，清洁并整理实验台	5	
综合素养	严格无菌操作，强化微生物无菌意识，具备严谨的工作态度	10	
得分合计			

知识链接 微生物的接种

微生物的接种是将一种微生物转接到另一灭菌的新培养基中，使其生长繁殖的过程。接种过程中必须采用严格的无菌操作，既可以保证试验操作不被环境中微生物污染，也可以防止微生物在操作中污染环境或感染操作人员。

一、无菌操作要求

无菌室在使用之前需要先进行空间消毒，一般开启紫外灯照射 30～60 min 即可。检验有关的物品在放入无菌室前须经过灭菌。检验工作时穿着的工作服、鞋、帽等应放在无菌室缓冲间，使用前须经紫外线消毒。操作人员须将手清洗消毒后，穿戴好消毒后的工作服、鞋、帽才能进入无菌室。操作过程中若可能产生潜在的感染性物质喷溅，操作人员应穿戴防护器具。

在无菌操作过程中应注意动作要轻，不能太快，以免搅动空气增加污染机会。玻璃器皿应轻取轻放，避免其破损污染环境。灭菌的物品已打开包装但未使用完的，不能放置后再使用。从包装中取出吸管时，吸管尖端不能触及外露部位。用吸管(或移液枪)接种试管或培养皿时，吸管尖端(或移液枪枪头)不得触及试管或培养皿边缘。观察平板时不要开盖，如需挑取菌落，必须靠近酒精灯火焰区操作，培养皿的盖不能开太大，而是应该开适

当的缝隙操作。进行可疑致病菌涂片染色时，应使用玻片夹夹持载玻片，切勿用手直接触碰，以免造成感染。用过的载玻片应置于消毒液中浸泡消毒，然后清洗。

二、超净工作台的使用

接种操作需要在超净工作台中进行。超净工作台能将工作区已被污染的空气通过专门的过滤通道人为地控制排放，为实验室工作提供无菌操作环境，以保护试验免受外部环境的影响，同时，为外部环境提供某些程度的保护，以防止污染。

超净工作台一般安放在无菌室中，在使用之前将待使用材料及物品放入操作台，同时移除不必要的物品。使用前用75%的酒精擦拭材料及物品，打开紫外线灯照射杀菌。使用前 10 min，将通风机启动。操作时关闭紫外线灯，打开照明开关，用 75%酒精擦拭双手，然后开始无菌操作。操作完成后应及时清理工作台面，收集废弃物，关闭风机及照明开关，用清洁剂及消毒剂擦拭消毒。最后，开启紫外线灯照射消毒 20～30 min 后，关闭紫外线灯，切断电源。

三、接种技术

(1)斜面接种法。斜面接种法是从含菌材料(菌落、菌苔或菌悬液等)上面取菌种，并移接到新鲜斜面培养基上的一种接种方法。此方法主要用于保存菌种或观察细菌的某些生化特性和动力，用于菌落的移种以获得纯种进行鉴定和保存菌种等。

(2)液体接种法。液体接种法是将菌种接种于液体培养基中的一种接种方法。此方法主要用于增菌培养，也用于纯培养接种液体培养基进行生化反应试验。其包括从斜面菌种接入培养液和从液体菌种接入液体培养液，两种情况都可以用接种环接种，但在培养量比较大的情况下，液体接种宜采用移液管接种，要求无菌操作。

(3)平板接种法。平板接种法是指将菌种接种于平板培养基上的一种接种方法。此方法常用于微生物菌落形态观察及菌种的分离纯化。用无菌移液管吸取适量菌悬液，手持平板，用拇指将皿盖打开一条缝，将菌悬液添加到平板中，然后用涂布棒将平板表面的菌悬液涂布均匀。涂布时切忌用力过猛，将菌悬液直接推向平板边缘或将培养基划破。接种后将涂布好的平板平放于桌上 20～30 min，使菌液渗入培养基。

(4)穿刺接种法。穿刺接种法是将菌种接种到试管深层培养基中，常用于保藏厌氧菌种或研究微生物的生理生化特征。做穿刺接种时接种工具一般使用接种针，培养基一般是半固体培养基。用灭菌并冷却的接种针蘸取少量的菌种，沿半固体培养基中心向管底做直线穿刺，直到接近管底，但不要刺穿到管底，然后立即从原穿刺线退出，如图 3-7 所示。刺入和退出时均不可使接种针左右摇动。

(5)混合接种法。混合接种法是将待接种的微生物放入无菌培养皿，再将已熔化并冷却至 45 ℃的琼脂培养基注入无菌培养皿，迅速轻轻转动平板，使菌液与培养基混合均匀，待平板凝固后置于适宜温度下培养。此法适用于菌落总数的计数，但不能用于菌落特征的观察。

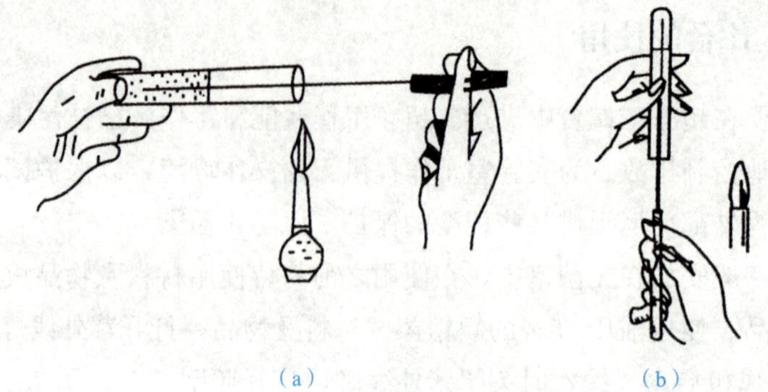

图 3-7　穿刺接种操作

(a)平行穿刺；(b)垂直穿刺

(6)涂布接种法。涂布接种法一般用于计算活菌数，也可以用来观察菌落特征。此法需先制备好培养所需的平板，然后将菌液加入平板表面，用涂布棒快速将其涂布均匀，然后进行培养，就可以长出单一菌落，从而达到分离目的。

(7)三点接种法。三点接种法一般用于研究霉菌形态。把少量微生物接种在平板表面上，呈等边三角形的三点，使其各自独立形成菌落后，观察、研究它们的形态。除三点外，也有一点或多点进行接种的。

能力进阶

依据农产品食品检验员职业技能等级证书中微生物基础检验的技能要求，微生物的接种技术应巩固以下问题：

知识题：1. 在进行无菌操作时应注意哪些问题？

2. 试述比较常用的接种方法及其应用范围。

3. 如何将菌种从一平板接种到另一灭菌平板上？

技能题：设计一个试验方案，对青霉菌进行接种和培养。

任务六　微生物的分离纯化

任务描述

选择合适的分离方法，将产红色色素的酵母菌从混合菌株中分离出来，进行纯培养。

任务目标

1. 掌握菌种分离原理及常用方法。

2. 能够熟练利用 10 倍系列稀释进行样品制备。

3. 通过规范分离纯化操作，增强实践能力，培养严谨的工作态度及创新思维。

任务准备

1. 知识准备：微生物分离纯化方法的相关知识。

2. 材料准备：生理盐水、培养皿、试管、接种环、接种针、涂布棒、移液管、酒精灯、打火机、标签、70%酒精棉球、超净工作台、恒温培养箱等。

3. 菌种准备：含酵母菌的混合菌液。

4. 培养基准备：马铃薯葡萄糖琼脂培养基。

培养基	配制
马铃薯葡萄糖琼脂培养基	马铃薯(去皮切块)300 g，葡萄糖 20 g，琼脂 20 g，氯霉素 0.1 g，蒸馏水 1 L；121 ℃灭菌 15 min

任务实施

微课：微生物的划线技术

序号	实施步骤	实施内容	操作要点
1	操作准备	将物品置于超净工作台中，打开紫外线灯灭菌 30 min	灭菌后将样品菌种放入无菌操作台
2	消毒	取酒精棉球擦拭双手，将无菌操作台擦出与肩同宽的方形操作区域	将使用完毕的棉球放入废物杯
涂布平板法			
3	制备平板	将加热冷却至 45 ℃左右的马铃薯葡萄糖琼脂培养基以无菌操作倒入灭菌的培养皿，迅速摇匀，水平静置，凝固后备用	培养基需趁热倒入，以防止凝固
4	样品稀释	用 10 倍系列稀释方法进行样品稀释，如图 3-8 所示。取系列试管排列放于试管架上，在各试管中预先加入 9 mL 生理盐水，贴好标签。用移液管以无菌操作吸取 25 mL 菌液放入装有 225 mL 无菌生理盐水的锥形瓶，振荡混合均匀，配制成 10^{-1}稀释液。用移液管在 10^{-1}试管内吸取 1 mL 注入第一支试管，混合均匀，即 10^{-2}稀释液，重复上述操作，将样品配制成 10^{-3}、10^{-4}、10^{-5}、10^{-6}等系列稀释液	1. 每稀释一个浓度，需要更换一支新的移液管。 2. 移液管放液时管尖不要触及试管中的液面。 3. 样品的稀释浓度按实际需要确定
5	加样品	选择三个连续的适宜稀释度，用移液管各吸取 0.1 mL，以无菌操作方式加入制备好的平板	根据样品浓度的估计，选择适宜的稀释度

续表

序号	实施步骤	实施内容	操作要点
6	涂布	取涂布棒在火焰上灼烧灭菌后，于火焰旁接触皿盖内的冷凝水，加速涂布棒冷却。手持涂布棒放在培养基表面上，将菌液先沿同心圆方向轻轻向外扩展，使之均匀分布。室温下静置 5～10 min，使菌液充分渗入培养基	涂布时，皿盖应打开适当的开口，以涂布棒能伸入为宜，不能完全打开
稀释倒平板法			
7	倒平板	样品稀释过程同涂布平板法。选择三个连续的适宜稀释度，各吸取菌液 1 mL 与熔化并冷却至 46 ℃左右的马铃薯葡萄糖琼脂培养基混合均匀，然后倾注到培养皿中，盖上皿盖，轻摇晃动使其混合均匀，静置冷却凝固，如图 3-9 所示	培养皿倒入菌液与培养基的混合物后应立即轻晃混合均匀，防止培养基起层
平板划线法			
8	灼烧接种环	右手持接种环，将接种环的金属环直立于酒精灯外焰处，灼烧至红透，然后略倾斜灼烧金属杆	注意灼烧时要将金属丝与金属杆的连接部分充分灼烧，达到彻底灭菌的目的
9	取菌种	左手持斜面培养基的底部，将管口置于火焰的无菌区，右手小指打开试管塞，将接种环的金属环放于外焰处，再次灼烧至红透，然后伸入试管底部，在无菌区稍微晾凉，轻轻取一环，取出。将试管口和试管塞灼烧一圈，塞上塞子	1. 用接种环取菌种时切勿划破培养基表面。 2. 将接种环从试管中取出，取出时切勿触碰试管壁
10	接种	取无菌培养皿 1 个，用大拇指和食指控制皿盖，其余几指控制皿底，打开皿盖使开口小于 30°，将接种环上的菌种按照划线要求进行分区划线或连续划线，如图 3-10 所示。划线时接种环与培养皿成 30°～40°，轻轻划线，不要划破培养基表面	1. 分区划线时，每划完一个区域，都需要烧掉接种环上残留的菌液。 2. 连续划线时，划线要紧密但不相连
11	培养	将涂布好的平皿倒置放于 28 ℃恒温培养箱中培养，72 h 后观察分离效果	培养时平板应倒置，利于菌落形成，防止污染
12	清理	完毕后，将试验所用物品放回原处，清理垃圾。超净工作台再次灭菌	带菌的物品应灭菌后再清洗
13	挑取单一菌落	挑取单一菌落移接到液体培养基上，经培养后即得纯培养物。若发现有杂菌，需要再一次进行分离纯化，直至获得纯培养物	观察平板，应无杂菌污染，若菌种不在所划的线上生长则为杂菌

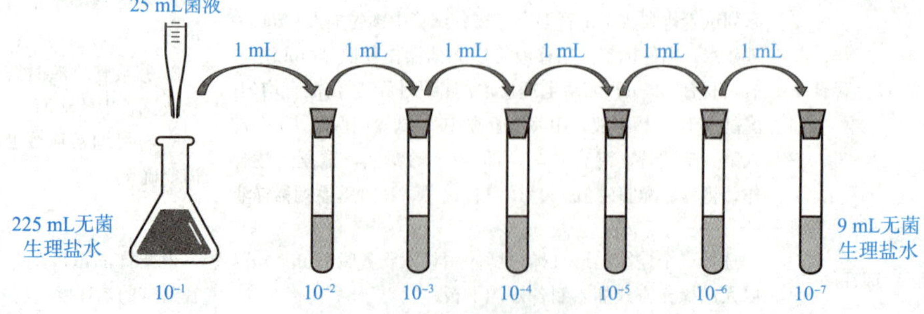

图 3-8　10 倍系列稀释操作

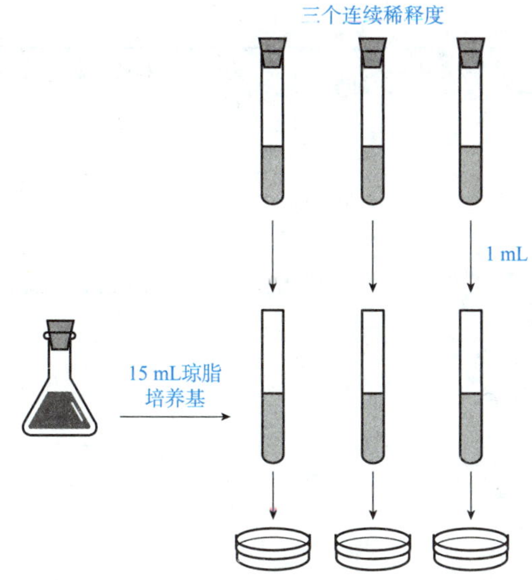

图 3-9　稀释倒平板操作

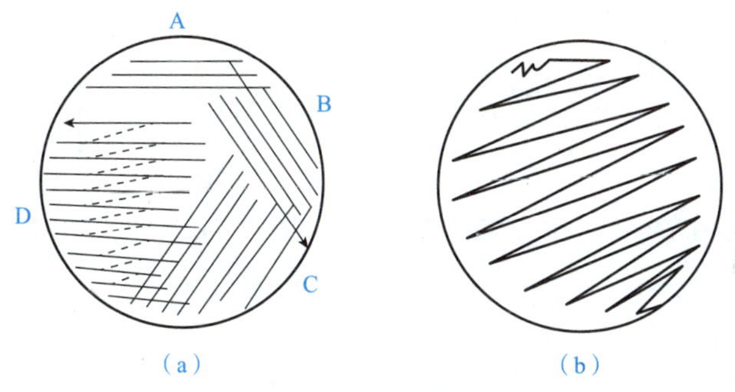

图 3-10　平板划线方法

(a)分区划线法；(b)连续划线法

安全贴士

1. 接种操作时应严格无菌操作，以防止造成微生物污染。

2. 用酒精棉球擦拭完双手，应待酒精完全干透以后再在酒精灯附近开始操作，否则容易造成烧伤。

3. 规范使用超净工作台，避免产生触电或其他伤害。

实施报告

微生物分离纯化实施报告

检验项目					检验日期				
接种方法	涂布平板法			稀释倒平板法			平板划线法		
稀释度									

续表

检验项目						检验日期			
菌落分布描述									
菌落特征									
操作要点									
遇到问题及解决方法：									
检验员： 复核人：						日期： 日期：			

任务评价

内容		评分标准	分值	得分
试验准备		工作服穿戴整齐	2	
		试验试剂耗材准备齐全	3	
操作准备		紫外线灯照射灭菌时间设置准确，灭菌效果良好	3	
消毒		超净工作台台面和操作人员的手部正确消毒	2	
涂布平板法	制备平板	平板制备操作准确，培养基趁热倒平板，未有凝固现象	5	
	样品稀释	10 倍系列稀释操作准确，每个稀释度的移液管未混合使用，浓度稀释准确	8	
	加样品	稀释度选择合适，加样品时培养皿皿盖未完全打开	5	
	涂布	正确使用涂布棒，菌液涂布均匀，未划伤培养基表面	6	

续表

内容		评分标准	分值	得分
稀释倒平板法		琼脂培养基冷却温度合适，菌液及时和琼脂培养基混合均匀	10	
平板划线法	灼烧接种环	接种环灼烧充分，灭菌彻底	3	
	取菌种	取菌种操作准确，接种环未划伤培养基表面，取出时未触及试管壁	6	
	接种	接种时培养皿开盖角度合适，分区划线和连续划线操作准确	7	
培养		平板倒置培养，培养条件设置准确	5	
清理		试验所用物品放回原处，清理垃圾，超净工作台再次灭菌	5	
挑取单一菌落		观察培养结果，挑取单一菌落移接到液体培养基上，经培养后得到纯培养物	8	
实施报告		报告填写认真、字迹清晰	5	
		各划线方法内容填写准确	7	
综合素养		分离纯化操作规范，增强实践能力，具备严谨的工作态度和创新思维	10	
得分合计				

知识链接　微生物的纯培养

在自然界中，微生物通常都是混杂在一起的，即使一粒土或一滴水中往往也存在着许多种类的微生物。如果要研究和利用某一微生物，就需要将它从混杂的群体中分离出来，得到只含有这一种微生物的培养物。在微生物学中，在人为设定的条件下培养、繁殖得到的微生物群体被称为培养物。含多种微生物的培养物是混合培养物，从混合培养物中分离得到只有一种微生物的培养物，就是纯培养物。通常情况下，纯培养物才能提供可以重复的科研或试验结果，因此，纯培养技术是进行微生物学研究的基础。

一、用固体培养基分离获得纯培养

不同的微生物在特定的培养基上形成的菌落或菌苔一般都具有稳定的特征，可以作为微生物分类和鉴定的重要依据。大多数的细菌、酵母及许多真菌和一些单细胞藻类，能在固体培养基表面形成独立的菌落，采用适宜的平板分离法，便可以得到纯培养物。每个纯培养形成的单个菌落便于用来分析研究。最常用的分离、培养微生物的固体培养基是琼脂固体培养基，将其倒入培养皿培养微生物称为平板培养。用固体培养基获得纯培养的方法主要有稀释倒平板法、涂布平板法、平板划线法和稀释摇管法。

(一)稀释倒平板法

将待分离的菌种用无菌水或其他稀释液做 10 倍系列稀释，然后根据对样品中含菌浓度的估计，选取适宜稀释度，移取少许溶液迅速与已经熔化并冷却至 50 ℃左右的琼脂培养基混合均匀，倾入培养皿，待琼脂凝固后，便制成可能含菌的琼脂平板。若稀释液中含有微生物，培养一定时间后可出现菌落。如果稀释得当可出现分散的单个菌落，这个菌落可能就是由一个微生物细胞繁殖形成的，随后挑取该单个菌落进行稀释做涂布平板。重复以上操作数次，便可得到纯培养物。此方法适合分离和计数，但是操作比较麻烦，不适合热敏感菌和严格好氧菌，而且同一微生物由于处在培养基位置不同，形成菌落形态也有差异。

（二）涂布平板法

将已熔化的无菌培养基倒入无菌培养皿，待其冷却凝固后，制成无菌平板。将一定量的某一稀释度的样品溶液滴加在平板表面，再用无菌涂布棒将菌液均匀涂布分散至整个平板表面，如图 3-11 所示，经培养后挑取单个菌落，重复几次便可得到纯培养。此方法操作简单易行，可以避免稀释倒平板法中热敏感菌的死亡，也不会使严格好氧菌因固定在培养基中间而缺氧死亡，是常用的分离纯化方法。在操作过程中需要注意的是，涂布时应涂布均匀，用力要轻，切勿划破培养基表面，造成机械损伤。

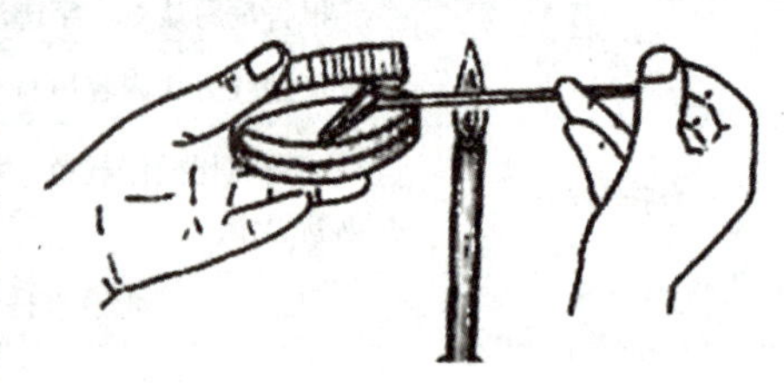

图 3-11　平板涂布操作示意

（三）平板划线法

用接种环以无菌操作蘸取少许待分离的材料，在加入无菌培养基的凝固无菌平板表面进行连续划线、平行划线、扇形划线或其他形式的划线，如图 3-12 所示，微生物细胞数量随着划线次数的增加而减少并逐步分散。若划线适宜，最终微生物能完全分散，经培养后可在平板表面得到单个菌落，再将菌落稀释后重复以上步骤，可以获得纯培养物。此方法操作快速、简便，是最常用的微生物分离方法之一，浓度较大的样品适用分区划线法，浓度较小的样品可以使用连续划线法。

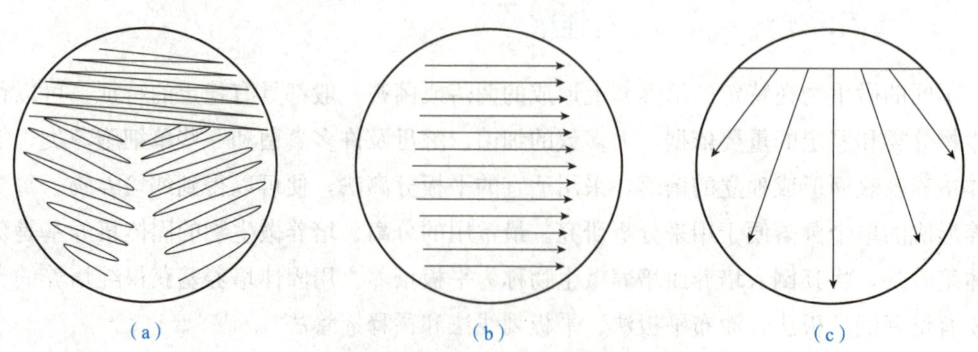

图 3-12　常见平板划线方法

(a)连续划线法；(b)平行划线法；(c)扇形划线法

(四)稀释摇管法

用固体培养基分离严格厌氧菌有其特殊之处，如果该微生物暴露于空气中，不立即死亡，可以采用通常的方法制备平板，然后放置于封闭容器中培养，培养容器中的氧气可采用化学、物理或生物的方法清除。对氧气更为敏感的严格厌氧性微生物可采用稀释摇管法进行纯培养分离，它是稀释倒平板法的一种变通形式。先将盛有无菌琼脂培养基的试管加热，使琼脂熔化后冷却并保持到 50 ℃左右，将待分离菌种用这些试管进行 10 倍系列稀释，迅速将试管摇动均匀，冷凝后在琼脂柱表面倾倒一层灭菌液体石蜡和固体石蜡的混合物，将培养基和空气隔开。培养后菌落形成在琼脂柱中间，进行单菌落挑取和移植时需先用一支灭菌针将石蜡盖取出，再用一只毛细管插入琼脂和管壁之间，吹入无菌无氧气体，将琼脂柱吸出，放置在培养皿中，用无菌刀将琼脂柱切成薄片，然后进行观察和菌落移植。此方法适用于在缺乏专业设备的情况下分离严格厌氧菌，但是操作难度较大，观察和挑取菌落较困难。

二、用液体培养基分离获得纯培养

大多数细菌和真菌在固体培养基上生长良好，用平板分离通常能获得很好的效果，然而并不是所有的微生物都适合在固体培养基上生长，一些细胞体积较大的细菌、许多原生动物和藻类等仍需要用液体培养基分离来获得纯培养。

通常采用的液体培养基分离纯化法是稀释法。接种物在液体培养基中进行一定的稀释，以得到高稀释度的菌液，要求一支试管中分配不到一个微生物，然后分别移取经过稀释的菌液到不同试管中，在适宜条件下培养，培养后多数试管中没有微生物生长，那么有微生物生长的试管得到的培养物可能就是纯培养物。

三、显微单细胞分离法

采用稀释法分离出的微生物通常是混杂微生物群体中占数量优势的种类，而有些欲分离的微生物在自然界混杂群体中占少数，这时可以采用显微单细胞分离法，即从混杂群体中直接分离出单个细胞或单个个体进行培养的分离方法。

显微单细胞分离法的难度与细胞个体的大小成反比，个体较大的微生物(如藻类、原生动物)较容易分离得到，个体很小的细菌则较难完成。对于个体较大的微生物可使用毛细管提取单个个体，并在大量的灭菌培养基中转移清洗几次，除去较小微生物的污染，这项操作可在低倍显微镜下进行。对于个体相对较小的微生物，需在显微操作仪下挑取单个细胞。若没有显微操作仪，也可将经适当稀释后的样品制备成小液滴，在显微镜下观察，选取只含一个细胞的液滴进行纯培养。单细胞分离法对操作技术的要求较高，一般仅限于用在专业的科学研究。

四、选择培养分离

没有一种培养基或一种培养条件，能够满足自然界中所有微生物的生长要求。培养基在一定程度上都是具有选择性的，在一种培养基上接种多种微生物，只有适应的才能生长，其他的则被抑制。根据待分离微生物的生长需求设计特定的培养环境，使之特别适合此微生物的生长，将其从自然界混杂的微生物群体中选择培养出来，这就是选择培养分离。该方法常用于从自然界中分离寻找有用的微生物资源。在自然界中，大多数微生物群落是由多种微生物组成的，从中分离出所需的特定微生物十分困难，尤其当某一种微生物所存在的数量与其他微生物相比特别少时，单独采用平板稀释法很难完成分离纯化。要分离这类微生物，必须根据该微生物的特点，先采用选择培养分离的方法，抑制大多数其他微生物的生长或使该微生物成长为优势菌群，再通过平板分离的方法对它进行进一步的分离纯化。

(一)利用选择培养基进行直接分离

利用选择培养基进行直接分离主要是根据待分离微生物的特点选择不同的培养条件或培养基，可采用多种方法完成。例如，从土壤中筛选蛋白酶产生菌时，可以在培养基中添加牛奶或酪素，微生物生长时若产生蛋白酶，则会水解牛奶或酪素，在平板上形成透明的蛋白质水解圈。通过菌株培养时产生的蛋白质水解圈，对产酶菌株进行筛选，将大量的非产胞外蛋白酶的菌株淘汰。再如，分离低温菌可以在低温条件下进行培养；分离某种抗生素的抗性菌株，可以在加有这种抗生素的平板上进行分离。有些微生物(如螺旋体、黏细菌、蓝细菌等)能在琼脂平板表面或里面进行滑行，可以利用滑动特点从滑行前沿挑取接种物进行接种，反复操作几次，从而得到纯培养物。

(二)富集培养

富集培养主要是利用不同微生物的生命活动特点不同，设定特定的环境条件或培养基，使仅适应于该条件的微生物旺盛生长，从而使其在菌落中的数量大大增加。富集条件可根据所需分离的微生物的特点，从物理、化学、生物或综合多个方面进行选择，如温度、pH、紫外线、高压、光照、氧气、营养等。富集培养使原本在自然环境中占少数的微生物数量大大提高，再通过稀释倒平板或平板划线等操作得到纯培养物。富集培养是微生物研究最强有力的技术手段之一，只要掌握微生物的特殊要求，便可按照意愿从自然界分离出特定已知微生物种类。

五、二元培养物

分离的目的通常是得到纯培养物，然而在有些情况下是很难达到的，有些可用二元培

养物作为纯培养物的替代物。如果培养物中只含有两种微生物，且是有意识地保持两者之间特定关系的培养物，被称为二元培养物。二元培养物是保存病毒的最有效途径，因为病毒是严格的细胞内寄生物，有一些具有细胞的微生物也是严格的其他微生物的细胞内寄生物，或与之存在特殊的共存关系，对于这些生物，二元培养物培养是在微生物控制条件下可能得到的最接近纯培养的获取方法。

用以上介绍的几种分离纯化方法分离得到的单个菌落不一定能保证就是纯培养的，因此，除观察其菌落特征外，还要结合显微镜镜检符合个体形态特征后，才能确定是否为纯培养物。有些微生物的纯培养要经过一系列的分离与纯化过程和多种特征的鉴定才能得到。

仿真：牛肉中大肠杆菌的分离与鉴定

能力进阶

依据农产品食品检验员职业技能等级证书中微生物基础检验的技能要求，微生物的分离纯化技术应巩固以下问题：

知识题：1. 微生物分离纯化的原理是什么？

2. 比较涂布平板法和稀释倒平板法的操作异同点及优点、缺点。

3. 对于厌氧微生物，应如何分离纯化？

技能题：设计试验方案，从土壤中分离得到一种单一菌种。

任务七　微生物的显微直接计数

任务描述

欲观察产红色色素的目标酵母菌株的生长情况，请使用血细胞计数板进行计数并判断其生长状态。

任务目标

1. 熟悉血细胞计数板计数的原理。

2. 能够使用血细胞计数板对单细胞微生物进行计数。

3. 使用血细胞计数板计数时需要耐心细致，培养学生克服困难的精神，具备积极的工作态度。

任务准备

1. 知识准备：微生物的计数方法及原理等相关知识。

2. 材料准备：显微镜、血细胞计数板、载玻片、盖玻片、无菌滴管、擦镜纸、吸水纸、无菌生理盐水等。

3. 菌种准备：酵母培养液。

任务实施

微课：微生物的显微直接计数

序号	实施步骤	实施内容	操作要点
1	制备菌悬液	用无菌生理盐水将酵母培养液制备成浓度适宜的菌悬液。稀释度选择以小方格内分布的菌体清晰可数为宜	菌悬液浓度不宜过大或过小，一般以每小方格内含5～10个菌体为宜
2	检查血细胞计数板	取一块血细胞计数板，放在显微镜下检查计数板的计数室，观察有无杂质或菌体。若不干净，可以用蘸有95%乙醇的脱脂棉轻轻擦拭，再用蒸馏水冲洗干净，然后用吸水纸吸干水分，用擦镜纸擦拭干净	镜检清洗后的计数板，直至计数室内无杂质和污物方可使用
3	确定血细胞计数板规格	在显微镜低倍镜下观察计数板结构并确定其计数室规格，其规格有25×16型和16×25型	确定规格时需仔细辨认，可先判定一个中方格被分为了多少个小格，进而确定类型
4	加样品	将清洁干燥的血细胞计数板盖上盖玻片。将酵母菌悬液用无菌滴管吸取少许，沿盖玻片边缘滴一小滴，利用毛细管作用使菌液自行渗入计数室，一般计数室均能充满菌液	滴加时菌液不能太多，也不可有气泡产生
5	显微镜计数	加样后静置5 min，待菌液不再流动时，将血细胞计数板放在显微镜下，先用低倍镜找到计数室，然后换成高倍镜进行计数。计数时，规格为25×16型数左上、左下、右上、右下和中间5个中方格的酵母菌数；规格为16×25型数左上、左下、右上、右下4个中方格的酵母菌数。每个样品重复计数2～3次，取其平均值	对于压在中方格边线上的酵母菌，一般是数上不数下、数右不数左。对于出芽的酵母菌，当芽体达到母细胞大小1/2时，可算作2个菌体
6	计算	$$\text{每毫升菌液的含菌数}=\frac{\text{所数的小格中含菌总数}}{\text{小格数}}\times 400\times 10\ 000\times\text{稀释倍数}$$ 按此公式计算结果	25×16型为80个小格，16×25型为100个小格
7	清洗血细胞计数板	计数完毕后，将血细胞计数板在水龙头下冲洗干净，洗完后自行晾干或用吹风机吹干。镜检，每个小方格内应没有残留菌体或其他沉淀物	清洗时切勿用硬物洗刷血细胞计数板，以免划伤计数室
8	清理实验台	试验完毕，清理实验台，将显微镜清理复原，送回存放处	实验台须清理干净，显微镜须恢复原样才能放回镜箱

安全贴士

血细胞计数板为厚玻璃制成，计数时切勿大幅度调节显微镜的调焦旋钮，以防止压碎计数板，造成划伤或割伤。

实施报告

微生物的显微直接计数实施报告

<table>
<tr><td colspan="2">检验项目</td><td colspan="4"></td><td>检验日期</td><td colspan="2"></td></tr>
<tr><td colspan="2">计数板规格</td><td colspan="7"></td></tr>
<tr><td rowspan="2">计数次数</td><td colspan="5">中方格的菌数</td><td rowspan="2">所数酵母总菌数</td><td rowspan="2">每毫升菌液含菌数</td><td rowspan="2">平均值</td></tr>
<tr><td>左上</td><td>左下</td><td>右上</td><td>右下</td><td>中间</td></tr>
<tr><td>1</td><td></td><td></td><td></td><td></td><td></td><td></td><td></td><td rowspan="3"></td></tr>
<tr><td>2</td><td></td><td></td><td></td><td></td><td></td><td></td><td></td></tr>
<tr><td>3</td><td></td><td></td><td></td><td></td><td></td><td></td><td></td></tr>
<tr><td colspan="9">遇到问题及解决方法：</td></tr>
<tr><td colspan="9">检验员：　　　　　　　　　　日期：
复核人：　　　　　　　　　　日期：</td></tr>
</table>

任务评价

内容	评分标准	分值	得分
试验准备	工作服穿戴整齐	2	
	试验试剂耗材准备齐全	3	
制备菌悬液	菌悬液浓度适宜，每小方格内含 5~10 个菌体	10	
检查血细胞计数板	计数室干净，无污物或菌体	7	
确定血细胞计数板规格	计数板规格确定准确	12	
加样品	沿盖玻片边缘滴加，滴加量合适，无气泡产生	10	
显微镜计数	能在显微镜下规范计数，选取的计数中方格数准确，计数准确	15	
计算	公式选择准确，结果准确	10	
清洗血细胞计数板	计数板清洗干净并干燥	6	
实施报告	报告填写认真、字迹清晰，各项目填写准确	10	
清洁整理	清洁并整理实验台	5	

续表

内容	评分标准	分值	得分
综合素养	确定计数板规格时需仔细观察，进行计数时需耐心细致，能够克服困难，不轻易放弃，具备积极的工作态度	10	
得分合计			

知识链接 微生物生长的测定

一个微生物细胞在合适的外界条件下不断吸收营养物质，按自己的方式进行新陈代谢，如果同化作用的速度超过了异化作用，则其体积就不断增加，表现出个体生长的现象。当个体生长到一定阶段，通过特定方式产生新的生命个体，从而引起个体数目的增加，这时原有的个体就发展成一个群体。微生物生长是个体生长和个体繁殖的综合表现。

微生物个体很小，很难测定其生长状况，所以，微生物的生长情况通常通过测定单位时间内微生物数量或生物量的变化来评价。通过微生物生长的测定可以客观评价培养条件、营养成分等对微生物生长的影响；评价抗菌物质对微生物产生抑制或杀死作用的影响；客观反映微生物生长的规律。因此，微生物生长的测定在理论上和实践上有着重要的意义。

一、细胞数量测定法

(一)显微直接计数法

显微直接计数法是利用细胞计数器或血细胞计数板在显微镜下直接计数的方法。将一定稀释度的菌悬液加到计数板的计数室内，在显微镜下计数一定体积下的细胞总数，最终换算出样品中的细胞数。血细胞计数板适用于细胞个体较大的单细胞微生物，如酵母菌等的计数；细菌计数板适用于细胞个体较小的，如细菌等的计数。此方法简便、快捷，是一种常用的细胞计数方法，但其无法区别死、活细胞，故又称为全菌计数法。

血细胞计数板由一块比普通载玻片厚的特制玻片制成，玻片中央有四条凹槽，将玻片分为3个平台，中间的平台较宽，其中间又被一短横槽分为上、下两个区域，上面刻有方格网。方格网上有9个大方格，其中中间的大方格为计数室，供微生物计数使用。常见的计数板结构及规格如图3-13所示。一种是先将计数室分为25个中方格，每个中方格再细分为16个小方格，即25×16型，计数时数左上、左下、右上、右下和中间5个中方格；另一种是先将计数室分为16个中方格，每个中方格再细分为25个小方格，即16×25型，计数时数左上、左下、右上、右下4个中方格。两种规格都是将计数室分成了400个小格，计数室的长宽均为1 mm，深度为0.1 mm，其容积为0.1 mm^3，每个小格的边长则为

1/20 mm，面积为 1/400 mm^2，容积为 1/4 000 mm^3。

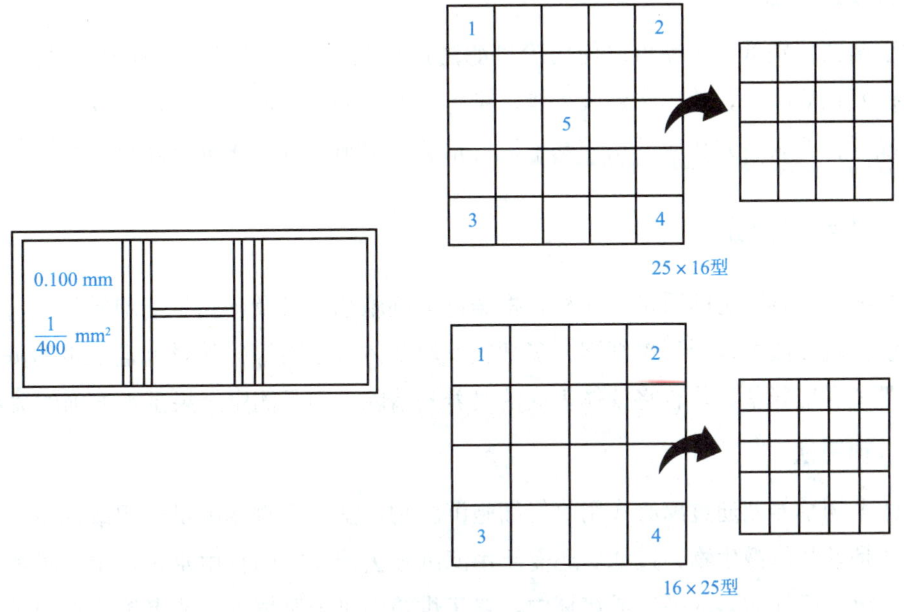

图 3-13　血细胞计数板结构及规格

(二)平板菌落计数法

平板菌落计数法又被称为活菌计数法，其原理是每个活细菌在适宜培养基和良好生长条件下可以生长形成菌落，通过菌落数目计算出活细菌数量。将待测样品经 10 倍系列稀释，选择适宜稀释度的菌液，分别取 1 mL 倒入无菌平皿，再倒入适量的已熔化并冷却至 50 ℃左右的无菌培养基，与菌液充分混匀。冷却凝固后，放入适宜温度下培养，长出菌落后计数。按下面公式计算出原菌液的含菌数。

每毫升原菌液活菌数＝同一稀释度平皿菌落平均数×稀释倍数

平板菌落计数法通常需要先将样品稀释，样品浓度过高会使培养形成的菌落堆叠在一起或出现由多个菌形成一个菌落的情况，造成计数不准。应用平板菌落计数法可测出样品中微量的细菌数，且灵敏度高，是教学、科研和生产上常用的一种测定细菌、酵母菌数量的有效方法。但此法对操作技术要求较高，操作不熟练可能会造成微生物污染，或因培养基温度过高损伤细胞等原因造成结果不稳定。

(三)比浊法

比浊法是快速测定菌悬液中细胞数量的方法。在一定条件下，当光线通过微生物菌悬液时，由于菌体的吸收和散射，透光量会减少，菌悬液中微生物的细胞浓度与其浑浊度成正比，与其透光度成反比。借助浊度计或分光光度计，在一定波长下，测定菌悬液的透光度或浊度，然后对照标准曲线即可计算出细菌总数。此法简单快捷，适用于颜色较浅、没有混杂其他物质的样品，颜色太深或混杂有其他物质的菌悬液会影响结果的测定。

(四)膜过滤法

对于菌数特别低的样品可以使用膜过滤法进行测定。可先将样品通过膜过滤器过滤，使细菌拦截在滤膜上，然后将滤膜干燥、染色，并经处理使滤膜透明，再在显微镜下进行计数，或者将滤膜转到相应的培养基上进行培养，对形成的菌落进行计数。

二、生物量测定法

每个细胞具有一定的质量和体积，根据待测细胞总质量及已知单细胞质量，可计算出细胞数量。该方法可以用于单细胞、多细胞及丝状体微生物等的数量测定。生物测定法的误差主要来自培养基，能否将菌体表面的培养基清除干净是测定结果是否准确的关键。

(一)称重法

将微生物培养液通过离心作用收集细胞沉淀物，洗净后直接测量体积或称重，得到湿质量。若是丝状体微生物，过滤后还需要用滤纸吸去菌丝间的自由水再称重。将离心得到的沉淀物放在已知质量的平皿或烧杯中，置于烘箱中烘干至恒重，或者置于低温下真空干燥后称重，得到培养物中的细胞干质量。一般微生物干质量为湿质量的20%～25%。此方法直接、可靠，适用于菌体浓度较高，且样品中不含非菌体的干扰物质的样品。

(二)含氮量测定法

蛋白质是构成细胞的主要成分，正常生长的细胞蛋白质含量较稳定，可以通过测定蛋白质含量反映出微生物的生长量。氮是蛋白质的重要组成元素，从一定体积样品中分离出细胞，洗涤后，通过凯氏定氮法、双缩脲法等测得总氮量，蛋白质含氮量为16%，含氮量乘以6.25，即蛋白质的总量，再根据样品中蛋白质含量进而计算出细胞的物质量。细菌中蛋白质含量占细菌固形物的50%～80%，一般以65%为代表，有些细菌则只占13%～14%，这些差异由菌种、菌龄和培养条件决定。此方法适用于菌数含量较高的样品，而且操作比较烦琐。

(三)DNA测定法

DNA是微生物的重要遗传物质，每个细菌的DNA含量相对恒定，平均为8.4×10^{-14} g，不会因培养物质改变而改变。可采用适当的荧光指示剂与菌体DNA作用，用荧光比色法或分光光度法测得DNA含量，每个细菌的平均DNA含量为8.4×10^{-14} g，进而计算出此体积菌悬液中所含的细菌总数。

三、生理指标测定法

微生物新陈代谢的过程必然要消耗或产生一定量的物质，因此可以根据某物质的消耗

量或某产物的形成量，即生理指标，来表示微生物生长量，如呼吸强度、耗氧量、酶活性、生物热等，借助特定的仪器(如瓦勃式呼吸仪、微量量热计等)进行测定。通过对微生物在生长过程中伴随出现的这些指标的测定，可得出微生物的数量，即样品中的微生物数量越多或生长越旺盛，指标值就会越明显。生理指标测定法主要用于科学研究、微生物生理活性分析等。

能力进阶

依据1+X粮农食品安全评价职业技能等级证书中微生物检测安全评价的技能要求，微生物生长的测定应巩固以下问题：

知识题：1. 血细胞计数板能否在油镜下进行计数？为什么？

2. 常用的微生物计数法有哪几种？比较不同方法的优点和缺点。

3. 使用血细胞进行计数的难点在哪里？如何减少计数误差？

技能题：设计试验方案，使用间接计数法对酵母菌进行计数。

微生物的培养考核评价

【考核任务】

某微生物实验室欲从土壤中分离得到细菌和真菌，作为检验人员，请选择合适的分离方法进行分离纯化。

【考核要求】

1. 熟悉细菌和真菌的营养需求差异，选择并配制合适的培养基。
2. 能够熟练进行分离纯化操作，并判断是否得到纯培养物。

【考核实施】

1. 查阅资料，小组讨论并确定试验方案和分工。
2. 确定试验所需的仪器及耗材并清点，完成试验准备工作并填写下表。

	试剂名称	试剂浓度	所需体积	试剂回收
试剂				

续表

	仪器名称	仪器型号	数量	使用记录
仪器				
耗材	耗材名称	规格	数量	备注

3. 根据确定的试验方案进行试验。

(1)选用培养基配方及配制；

(2)选用的分离纯化方法及操作要点。

4. 试验结果。

(1)分离纯化培养结果；

(2)填写检验报告。

样品名称		检测项目		检测日期	
检测依据和方法					
培养基配制	培养基配方：				
	培养基配制要点：				
分离纯化	分离纯化方法：				
	操作要点：				
培养结果	菌苔、菌落分布图				

续表

实验结论	
备注	
检验员： 复核人：	日期： 日期：

5. 试验整理。将所用试验物品及试剂清洗、整理并归位，清洁实验台。

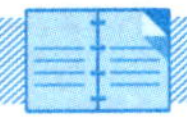

巩固练习

【考核评价】

一、知识评价

(一)选择题

1. 马铃薯蔗糖培养基属于(　　)。

A. 基础培养基　　B. 合成培养基
C. 加富培养基　　D. 半合成培养基

2. 实验室常用的培养放线菌的培养基是(　　)。

A. 牛肉膏蛋白胨培养基　　B. 马铃薯培养基
C. 高氏Ⅰ号培养基　　D. 麦芽汁培养基

3. 不可以作为固体培养基的凝固剂的是(　　)。

A. 琼脂　　B. 明胶　　C. 硅胶　　D. 果胶

4. 细菌适宜的生长 pH 值为(　　)。

A. 5.0～6.0　　B. 3.0～4.0　　C. 8.0～9.0　　D. 7.0～7.5

5. 适合细菌生长的 C/N 比为(　　)。

A. 5∶1　　B. 25∶1　　C. 40∶1　　D. 80∶1

6. 实验室常用的培养细菌的培养基是(　　)。

A. 牛肉膏蛋白胨培养基
B. 马铃薯培养基
C. 高氏Ⅰ号培养基
D. 麦芽汁培养基

7. 实验室常规高压蒸汽灭菌的条件是(　　)。

A. 140 ℃，5 s　　B. 72 ℃，15 s
C. 121 ℃，20 min　　D. 100 ℃，5 h

8. 使用高压锅灭菌时，打开排气阀的目的是(　　)。

A. 防止高压锅内压力过高，使培养基成分受到破坏

B. 排尽锅内有害气体

C. 防止锅内压力过高，造成灭菌锅爆炸

D. 排尽锅内冷空气

9. 生长过程中不需要氧气，但是氧气存在对其也没有毒害作用的是(　　)。

A. 专性好氧性细菌　　B. 兼性厌氧性细菌

C. 耐氧菌　　D. 专性厌氧性细菌

10. 分离纯化厌氧微生物可以使用(　　)。

A. 涂布平板法　　B. 稀释摇管法

C. 稀释倒平板法　　D. 单细胞分离法

11. 蓝细菌属于(　　)型的微生物。

A. 光能自养　　B. 光能异养　　C. 化能自养　　D. 化能异养

12. 硝化细菌属于(　　)型的微生物。

A. 光能自养　　B. 光能异养　　C. 化能自养　　D. 化能异养

(二)判断题

1. 在最适生长温度下，微生物生长繁殖速度最快，因此，生产单细胞蛋白的发酵温度应选择最适生长温度。(　　)

2. 最适的生长繁殖温度就是微生物代谢的最适温度。(　　)

3. 最低温度是指微生物能生长的温度下限；最高温度是指微生物能生长的温度上限。(　　)

4. 通常一种化合物在某一浓度下是杀菌剂，而在更低的浓度下是抑菌剂。(　　)

5. 固体培养基中琼脂的加入量一般为1.0%～1.2%。(　　)

二、技能考核评分表

考核内容		评价标准	分值	得分
试验准备	工作服	工作服穿戴整齐	2	
	试剂耗材	试验试剂、耗材准备齐全	4	
	仪器	试验仪器准备齐全	4	
培养基的配制	原料试剂称量溶解	正确使用天平，准确称量原料和试剂，并充分溶解，配制成溶液	5	
	调节 pH 值	正确调节培养基 pH 值	4	
	分装	斜面培养基，分装至试管的高度 1/5 为宜，锥形瓶分装固体培养基，容量不宜超过体积的 1/2	5	
	灭菌	正确使用高压蒸汽灭菌锅，灭菌物品包扎准确，正确判断灭菌终点	7	

续表

考核内容		评价标准	分值	得分
培养基的配制	摆放斜面	斜面培养基长度不宜超过试管长度的 1/2	5	
	倒平板	无菌操作，倒入培养基量适中，凝固后光滑平整	6	
分离方法	接种准备	将待使用物品放入超净工作台中并灭菌	3	
	样品稀释	10 倍系列稀释操作准确，浓度选择合适	5	
	分离操作	分离方法选择合适、操作准确	10	
	培养	放入恒温培养箱倒置培养	5	
结果检查		观察培养结果，有单一菌落生长	10	
实施报告		报告填写准确，字迹清楚	10	
清洁整理		使用过的沾有微生物的物品经消毒后清洗，试剂放回原处，整理实验台	5	
综合素养		具有分析解决问题的能力和实践动手能力，具备小组合作精神和创新思维	10	
得分合计				

【知识梳理】

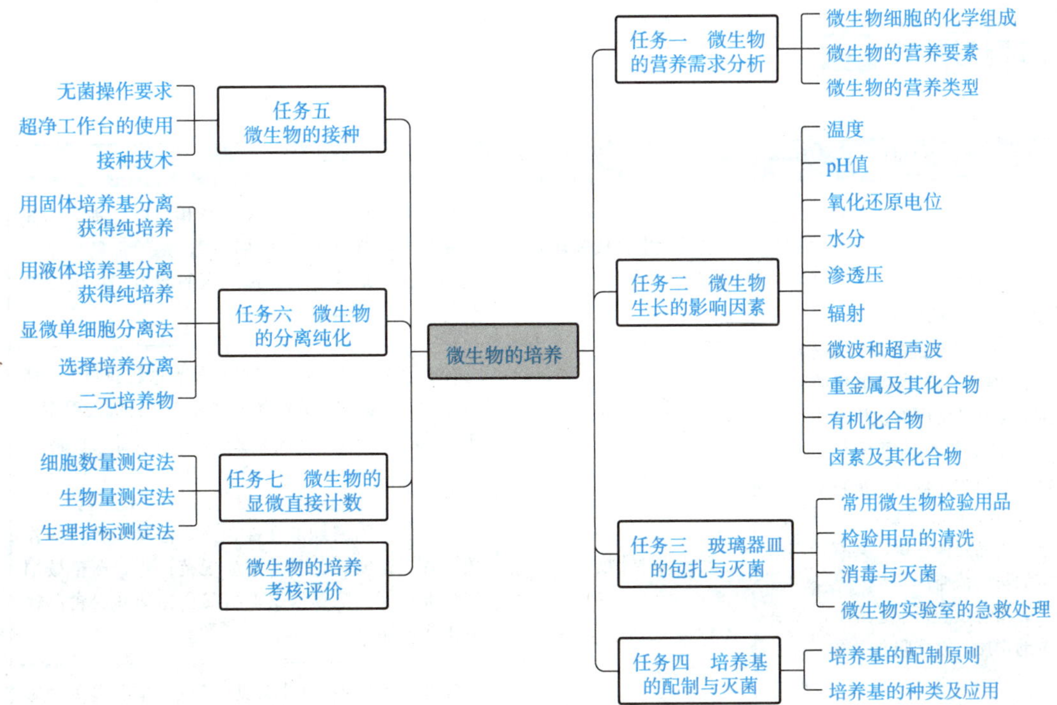

项目四　微生物的检验

项目引导

某地市场监管局组织食品安全监督抽检，对市场上的主流乳制品进行了采样，作为检验人员，请对采集的样品进行处理，并进行微生物指标检验。

启发：1. 微生物检验用样品应如何进行处理？

2. 食品中的微生物检验包括哪些检验项目？如何测定？

3. 微生物检验有哪些快检方法？

项目分析

学习目标	学习任务	实施建议
1. 掌握常用的样品处理方法； 2. 熟悉各微生物指标的检验国家标准及常用的快检方法； 3. 能够根据国家标准要求对微生物检验项目进行检验； 4. 培养标准意识，规范操作，增强食品安全意识，具有严谨求实的科学精神； 5. 培养吃苦耐劳品质，提高劳动素质，提升职业素养	食品微生物检验样品的处理	样品进行检验之前需要进行相应的处理，不同性状特点的样品处理方法不同，熟悉常见样品的处理方法，培养灵活处理问题的能力和探究学习能力
	菌落总数测定	什么是菌落总数？如何进行菌落总数的测定？通过查询国家标准，分析确定菌落总数的检验程序并进行检验，培养国家标准意识，树立职业责任感
	大肠菌群计数	食品进行大肠菌群检测有何意义？通过解读大肠菌群计数的国家标准文件，分析检验步骤及操作要点并进行实践，引导学生规范操作，严格按国家标准执行，培养依据食品安全标准开展食品检测工作的能力
	霉菌和酵母计数	酵母和霉菌是生活中常见的菌种，它们是如何影响食品质量的？如何进行检测？通过霉菌和酵母计数，如实记录试验结果，并根据结果出具检验报告，具备严谨求实的科学态度和诚信的职业品格

续表

学习目标	学习任务	实施建议
1. 掌握常用的样品处理方法； 2. 熟悉各微生物指标的检验国家标准及常用的快检方法； 3. 能够根据国家标准要求对微生物检验项目进行检验； 4. 培养标准意识，规范操作，增强食品安全意识，具有严谨求实的科学精神； 5. 培养吃苦耐劳品质，提高劳动素质，提升职业素养	乳酸菌检验	乳酸菌是乳制品中的重要菌种，我们如何知道其中含有多少乳酸菌呢？通过乳酸菌的检验，熟知乳酸菌的种属，能够判断产品是否符合标准，树立产品质量意识
	金黄色葡萄球菌检验	哪些食品容易被金黄色葡萄球菌污染？如何进行检测？通过金黄色葡萄球菌的检验，强化食品安全意识，培养精益求精的职业精神
	副溶血性弧菌检验	副溶血性弧菌的特性是什么？哪些食品容易被副溶血性弧菌污染？如何进行检测？通过副溶血性弧菌的检验，强化无菌操作，提升实践动手能力，树立食品安全意识
	沙门氏菌的快速检验	快检技术有何优势？常用的快检技术有哪些？通过对快检技术的学习，培养具备适应现代食品检测技术信息化、快速化的学习能力和可持续发展能力

任务一　食品微生物检验样品的处理

任务描述

市场监管局完成了对辖区内市场上的主流乳制品的采集工作，接下来将根据食品安全监督抽检要求完成微生物指标的检验，作为检验人员，请将采集的乳制品样品进行检验前处理。

任务目标

1. 熟悉食品常用的样品处理方法。

2. 能够根据微生物检验指标要求对样品采用适宜的处理方法并进行处理。

3. 针对不同类型的样品能够灵活采用不同的处理方法，培养灵活处理问题的能力及探究学习能力。

任务准备

1. 知识准备：食品微生物检验样品处理相关知识。

2. 材料准备：75%酒精棉球、灭菌剪刀、灭菌刀、灭菌吸管、灭菌生理盐水、磷酸氢二钾缓冲液、锥形瓶、量筒、酒精灯、天平等。

3. 样品准备：纯牛奶、酸奶、风味酸奶、炼乳、干酪、奶粉。

任务实施

序号	实施步骤	实施内容	操作要点
1	样品接收	接收送检样品，认真核对登记，确保样品相关信息完整并符合检验要求。实验室应按要求尽快检验，若不能及时检验应采取必要措施，防止样品中原有微生物因客观条件的干扰而发生变化	有下列情况之一者可拒绝接收样品： 1. 样品经过高压煮沸或其他方法杀菌，失去代表原食品检验意义的； 2. 瓶装或袋装食品已开启，失去原食品形状的(食物中毒样品除外)； 3. 按规定采样，数量不足的
2	纯牛奶的处理	将检样振摇均匀，以无菌操作开启包装。塑料或纸盒(袋)装的样品用75%酒精棉球消毒盒盖或袋口，用灭菌剪刀切开。用灭菌吸管吸取25 mL，放入装有225 mL灭菌生理盐水的锥形瓶内，振摇均匀	处理过程中应严格执行无菌操作，避免因操作不当引起样品中的微生物数量发生变化
3	酸奶的处理	塑料或纸盒(袋)装的样品参考纯牛奶的处理方式；玻璃瓶装的样品以无菌操作去掉瓶口的纸罩或瓶盖，瓶口经火焰消毒。用灭菌吸管吸取25 mL，放入装有225 mL灭菌生理盐水的锥形瓶内，振摇均匀	锥形瓶中可预先加入玻璃珠，以帮助混合均匀
4	风味酸奶的处理	液态乳等样品中添加固体颗粒状物的，应先均质，然后用灭菌吸管吸取25 mL，放入装有225 mL灭菌生理盐水的锥形瓶，振摇均匀	也可以将样品放入预先装有灭菌生理盐水的均质袋中，用拍击式均质机混合均匀
5	炼乳的处理	炼乳类样品应先清洁包装瓶或罐表面，用点燃的酒精棉球消毒瓶或罐口周围，然后用灭菌的开罐器打开瓶或罐，以无菌操作称取25 g检样，放入预热至45 ℃的装有225 mL灭菌生理盐水(或其他增菌液)的锥形瓶中，振摇均匀	稀奶油、奶油、无水奶油等半固态乳制品，无菌操作打开包装，其他操作同炼乳的处理方式。从检样熔化到接种完毕的时间不应超过30 min
6	干酪的处理	以无菌操作打开外包装，对有涂层的样品削去部分表面封蜡，对无涂层的样品直接经无菌程序用灭菌刀切开干酪，用灭菌刀(勺)从表层和深层分别取出有代表性的适量样品，磨碎混合均匀，称取25 g检样，放入预热到45 ℃的装有225 mL灭菌生理盐水(或其他稀释液)的锥形瓶，振摇均匀	充分混合使样品均匀散开(1～3 min)，分散过程时温度不超过40 ℃。尽可能避免产生泡沫

续表

序号	实施步骤	实施内容	操作要点
7	奶粉的处理	罐装乳粉的开罐取样法同炼乳处理，袋装奶粉应用75%酒精的棉球涂擦消毒袋口，以无菌操作开封取样。称取检样25 g，加入预热到45 ℃盛有225 mL灭菌生理盐水(或其他增菌液)的锥形瓶内，振摇使其充分溶解和混合均匀	粉末状样品取样前将样品充分混合均匀。对于经酸化工艺生产的乳清粉，应使用pH＝8.4±0.2的磷酸氢二钾缓冲液稀释。对于含较高淀粉的特殊配方乳粉，可使用α—淀粉酶降低溶液黏度，或将稀释液加倍以降低溶液黏度
8	整理清洁	试验完毕后，清理用过的试验用品，整理实验台	将处理完毕的样品及时送检

安全贴士

1. 处理的过程中应严格无菌操作，防止一切可能的外来污染。

2. 打开包装时使用的开罐器、刀、剪刀等器材，均应灭好菌，规范使用，避免产生割伤或划伤，造成感染。

实施报告

食品微生物检验样品的处理实施报告

检验项目			检验日期	
样品接收情况				
样品名称	包装方式	样品状态	处理方式	
纯牛奶				
酸奶				
风味酸奶				
炼乳				
干酪				
奶粉				
样品处理操作要点：				

续表

遇到问题及解决方法：	
检验员： 复核人：	日期： 日期：

任务评价

内容	评分标准	分值	得分
试验准备	工作服穿戴整齐	2	
	试验试剂耗材准备齐全	3	
无菌操作	无菌操作准确	10	
样品接收	样品各状态检查准确，符合接收要求	7	
纯牛奶的处理	样品打开方式准确，取样后混合均匀	8	
酸奶的处理	根据酸奶的不同包装采取适宜的取样处理方式，处理准确	8	
风味酸奶的处理	处理操作准确，含有颗粒状的风味酸奶充分混合均匀	8	
炼乳的处理	正确使用开罐器，处理操作准确	8	
干酪的处理	处理操作准确，充分混合均匀，无泡沫产生	8	
奶粉的处理	处理操作准确，充分混合均匀	8	
实施报告	报告填写认真、字迹清晰	5	
	各样品处理操作准确，无微生物污染	10	
清洁整理	清洁使用过的试验用品，整理实验台	5	
综合素养	针对不同类型样品能够灵活采用不同的处理方法，具备灵活处理问题的能力及探究学习能力	10	
得分合计			

知识链接 食品微生物检验样品的处理

由于食品样品种类多、来源复杂，各类预检样品需要根据食品种类的不同性状，经过处理后制备成稀释液才能进行各项指标的检验，样品处理好后应尽快检验。

一、粮食样品的处理

粮食样品易被霉菌污染，被霉菌污染的样品不但会发生腐败变质，而且能够产生各种

不同性质的霉菌毒素，造成巨大的经济损失。为了分离侵染粮食的霉菌，在进行检验前必须先将附着在粮食表面的霉菌除去。取粮食 10～20 g 放入灭菌的锥形瓶，以无菌操作加入无菌水，液面超过粮食 1～2 cm，塞好棉塞充分振荡 1～2 min，将水倒净，再换新的灭菌水振荡洗涤，如此反复洗涤 10 次，最后将水弃去，将粮食倒在无菌平面上备用。如果粮食表面含有蜡质，需要先用 75%酒精浸泡 1～2 min 以脱去表面的蜡质，然后倾去酒精后再用无菌水洗涤备用。

二、肉及肉制品的处理

(1)鲜肉。屠宰后的畜肉，可于开腔后用无菌刀取两腿内侧肌肉或劈半后取两侧背最长肌肉各 50 g；冷藏或销售的生肉，可用无菌刀取腿肉或其他部位的肌肉 100 g。取得的检样应放入无菌容器立即送检。如不能立即送检，最好放置不超过 3 h 或于冰箱中暂存。送检时应注意冷藏，不得加入任何防腐剂。先将检样进行表面消毒(沸水内烫 3～5 s 或烧灼消毒)，再用无菌剪刀剪取检样深层肌肉 25 g，放入灭菌乳钵，用灭菌剪刀剪碎后，加灭菌海砂或玻璃砂研磨，磨碎后加入灭菌水 225 mL，混合均匀，即 1∶10 稀释液。

(2)鲜、冻家禽。鲜、冻家禽取整只，放入无菌容器。先将检样进行表面消毒，用灭菌剪刀或刀去皮，从胸部或腿部剪取肌肉 25 g，其他处理同鲜肉。带毛野禽先去毛后，同家禽检样处理。

(3)各类熟肉制品。直接切取或称取 25 g，其他处理同鲜肉检样处理。

(4)生灌肠类。对生灌肠表面进行消毒，用灭菌剪刀剪取内容物 25 g，其他处理同鲜肉检样处理。

需要注意的是，以上样品的处理均以检验肉禽及其制品内的细菌含量来判断其质量鲜度为目的。如需检验肉禽及其制品受外界环境污染的程度或检验其是否带有某种致病菌，应用棉拭采样法处理。

检验肉禽及其制品受污染程度，一般可用板孔 5 cm^2 的金属制规板压在受检物上，将灭菌棉拭蘸湿，在板孔 5 cm^2 的范围内揩抹多次，然后将板孔规板移压另一点，用另一棉拭揩抹，如此共移压揩抹 10 次，共用 10 只棉拭，总面积为 50 cm^2。每支棉拭在揩抹完毕后应立即剪断或烧断后投入盛有 50 mL 灭菌水的锥形瓶或大试管，立即送检。检验时先充分振摇，吸取瓶、管中的液体作为原液，再按要求做 10 倍递增稀释。检验是否带有致病菌时，不必用规格板，在可疑部位用棉拭揩抹即可。

三、蛋及蛋制品的处理

(1)鲜蛋、糟蛋、皮蛋的外壳。先用灭菌生理盐水浸湿的棉拭充分擦拭蛋壳，然后将棉拭直接放入培养基内增菌培养，也可将整只蛋放入灭菌小烧杯或平皿，按检样要求加入定量灭菌生理盐水或液体培养基，用灭菌棉拭将蛋壳表面充分擦洗后，以擦洗液作为检样检验。

(2)鲜蛋蛋液。将鲜蛋在流水下洗净，待干燥后再用75%酒精棉消毒蛋壳，然后根据检验要求，打开蛋壳取出蛋液，放入带有玻璃珠的灭菌瓶，充分振摇均匀待检。

(3)巴氏杀菌全蛋粉、蛋白片、蛋黄粉。将检样放入带有玻璃珠的灭菌瓶，按比例加入灭菌生理盐水，充分振摇均匀待检。

(4)巴氏杀菌冰全蛋、冰蛋白、冰蛋黄。将装有冰蛋检样的瓶浸泡于流动冷水中，使检样熔化后取出，放入带有玻璃珠的灭菌瓶，充分振摇均匀待检。

(5)各种蛋制品沙门氏菌增菌培养。以无菌操作称取检样，接种于亚硒酸盐煌绿或煌绿肉汤等增菌培养基中(此培养基预先置于盛有适量玻璃珠的灭菌瓶内)，盖紧瓶盖，充分振摇均匀，然后放入(36±1)℃保温箱，培养(20±2)h。

四、水产类的处理

(1)鱼类。检样采取部位为背部肌肉。先用流水将鱼体表冲净，去鳞，再用75%酒精棉球擦净鱼背，待干后用灭菌刀在鱼背部沿脊椎切开5 cm，再切开两端使两块背肌分别向两侧翻开，然后用无菌剪刀剪取肉25 g，放入灭菌乳钵，用灭菌剪刀剪碎，加灭菌海砂或玻璃砂研磨，也可用均质器均质，检样磨碎后加入225 mL灭菌生理盐水，混合均匀成为稀释液。剪取肉样时，切勿触破及沾上鱼皮。鱼糜制品和熟制品应放乳钵内进一步捣碎后，再加生理盐水混合均匀成为稀释液。

(2)虾类。检样的采取部位为腹节内的肌肉。将虾体在流水下冲净，摘去头胸节，用灭菌剪刀剪除腹节与头胸节连接处的肌肉，然后挤出腹节内的肌肉，称取25 g放入灭菌乳钵，以后操作同鱼类检样处理。

(3)蟹类。检样的采取部位为胸部肌肉。将蟹体在流水下冲净，剥去壳盖和腹脐，再去除鳃条，置于流水下冲净。用75%酒精棉球擦拭前后外壁，置于灭菌搪瓷盘上待干，然后用灭菌剪刀剪开成左右两片，再用双手将一片蟹体的胸部肌肉挤出(用手指从足跟一端向剪开的一端挤压)，称取25 g，置灭菌乳钵内，以后操作同鱼类检样处理。

(4)贝壳类。从贝壳缝中用灭菌刀徐徐切入，撬开壳盖，再用灭菌镊子取出整个内容物，称取25 g置灭菌乳钵内，以后操作同鱼类检样处理。

以上检验处理的方法和检验部位均以检验水产食品肌肉内细菌含量来判断其鲜度质量为目的。若检验水产食品是否污染某种致病菌时，检验部位应采取胃肠消化道和鳃等呼吸器官。鱼类检取肠管和鳃；虾类检取头胸节内的内脏和腹节外沿处的肠管；蟹类检取胃和腮条；贝类中的螺类检取腹足肌肉以下的部分；贝类中的双壳类检取覆盖在斧足肌肉外层的内脏和瓣鳃等。

五、酒类的处理

(1)瓶装酒类。用点燃的酒精棉球灼烧瓶口灭菌，用石炭酸纱布盖好，再用灭菌开瓶器将盖启开，含有二氧化碳的酒类可倒入另一灭菌容器，口勿盖紧，覆盖一灭菌纱布，轻轻摇荡。待气体全部逸出后，进行检验。

(2)散装酒类。可直接吸取进行检验。

六、冷冻饮品及饮料的处理

(1)瓶装饮料。用点燃的酒精棉球灼烧瓶口灭菌，用石炭酸纱布盖好。若为塑料瓶口，可用75%酒精棉球擦拭灭菌，用灭菌开瓶器将盖启开，含有二氧化碳的饮料可倒入另一灭菌容器，口勿盖紧，覆盖灭菌纱布，轻轻摇荡。待气体全部逸出后，进行检验。

(2)冰棍。用灭菌镊子除去包装纸，将冰棍部分放入灭菌磨口瓶，木棒留在瓶外，盖上瓶盖，用力抽出木棒，或用灭菌剪刀剪掉木棒，置45 ℃水浴30 min，融化后立即进行检验。

(3)冰激凌。放在灭菌容器内，待其融化后立即进行检验。

七、罐头食品的处理

(1)称量。称量罐头食品的质量，1 kg及1 kg以下的罐头精确到1 g，1 kg以上的罐头精确到2 g，罐头的质量减去空罐的平均质量即为该罐头的净重。

(2)保温开罐。取36 ℃保温过的罐头，冷却到常温后，以无菌操作方式开罐。将样品罐用温水和洗涤剂洗刷干净，用自来水冲洗后擦干。放入无菌室内用紫外线灯照射30 min，然后放到超净工作台上，用75%酒精棉球擦拭无编号端，并点燃灭菌。用灭菌刀开启罐盖，开罐时不要伤及盖的卷边部分。

(3)取样。开罐后，用灭菌吸管取出内容物10～20 g(mL)，移入灭菌容器，保存于冰箱中，待该批罐头检验出结果后可弃去。

八、调味品的处理

(1)瓶装类。用点燃的酒精棉球烧灼瓶口灭菌，用石炭酸纱布盖好，再用灭菌开瓶器将盖启开，袋装样品用75%酒精棉球消毒袋口后进行检验。

(2)酱类。用无菌操作称取25 g，放入灭菌容器，加入225 mL蒸馏水，制成混悬液。

(3)食醋。用20%～30%灭菌碳酸钠溶液调节pH值到中性。

九、糖果、糕点、蜜饯的处理

(1)糕点(饼干)、面包。如为原包装，用灭菌镊子夹下包装纸，采取外部及中心部位。如为带馅糕点，取外皮及内馅 25 g，裱花糕点，采取奶花及糕点部分各一半共 25 g，加入 225 mL 灭菌生理盐水，配制成混悬液。

(2)蜜饯。采取不同部位称取 25 g 检样，加入灭菌生理盐水 225 mL，制成混悬液。

(3)糖果。用灭菌镊子夹取包装纸，称取数块共 25 g，加入预温至 45 ℃的灭菌生理盐水 225 mL，等融化后检验。

十、方便面(速食米粉)的处理

(1)无调味料的方便面(米粉)、即食粥、速食米粉。以无菌操作开封取样，称取样品 25 g，剪碎或在研钵中研碎，加入 225 mL 灭菌生理盐水制成 1∶10 的检样均质液，备用。

(2)有调味料的方便面(米粉)、即食粥、速食米粉。以无菌操作开封取样，将面(粉)块、干饭粒和全部调味料及配料一起称重，按 1∶1(kg/L)加入灭菌生理盐水，配制成检样均质液，然后量取 50 mL 均质液加到 200 mL 灭菌生理盐水中，配制成 1∶10 稀释液。

能力进阶

依据 1+X 粮农食品安全评价职业技能等级证书中微生物检测安全评价的技能要求，食品微生物检样的处理应巩固以下问题：

知识题：1. 固体类检样处理时可采取哪些方法?

2. 处理完成的检样应如何操作?

3. 检样在处理过程中应注意哪些问题?

技能题：请对卤蛋、鲅鱼和酱鸭进行检验处理。

任务二　菌落总数的测定

任务描述

按照检验机构要求，对市场上抽检的乳制品进行微生物指标检验，作为检验人员，请完成样品菌落总数的测定。

任务目标

1. 熟悉菌落总数卫生学意义。
2. 能够熟练查询国家标准并根据国家标准方法进行菌落总数的测定。
3. 培养标准意识，严格执行国家标准规定，树立职业责任感。

任务准备

1. 知识准备：菌落总数相关知识。

2. 国家标准准备：《食品安全国家标准 食品微生物学检验 菌落总数测定》(GB 4789.2—2022)。

3. 材料准备：微生物实验室常规灭菌及培养设备、恒温培养箱(36 ℃±1 ℃、30 ℃±1 ℃)、冰箱(2~5 ℃)、恒温水浴箱(46 ℃±1 ℃)、天平(感量为 0.1 g)、均质器、振荡器、无菌吸管[1 mL(具 0.01 mL 刻度)、10 mL(具 0.1 mL 刻度)或微量移液器及吸头]、无菌锥形瓶(容量 250 mL、500 mL)、无菌培养皿(直径 90 mm)、pH 计(或 pH 比色管或精密 pH 试纸)、放大镜或/和菌落计数器。

4. 培养基及试剂准备：平板计数琼脂培养基、磷酸盐缓冲液、无菌生理盐水。

序号	培养基或试剂	配制
1	平板计数琼脂培养基	胰蛋白胨 5.0 g、酵母浸膏 2.5 g、葡萄糖 1.0 g、琼脂 15.0 g、蒸馏水 1 L；煮沸溶解，调节 pH 至 7.0±0.2，121 ℃灭菌 15 min
2	磷酸盐缓冲液	磷酸二氢钾(KH_2PO_4)34.0 g、蒸馏水 500 mL； 1. 贮存液：称取 34.0 g 磷酸二氢钾溶于 500 mL 蒸馏水中，用大约 175 mL 的 1 mol/L 氢氧化钠溶液调节 pH 至 7.2，用蒸馏水稀释至 1 000 mL 后贮存于冰箱。 2. 稀释液：取贮存液 1.25 mL，用蒸馏水稀释至 1 L，分装于适宜容器中，121 ℃高压灭菌 15 min
3	无菌生理盐水	氯化钠 8.5 g、蒸馏水 1 L； 121 ℃高压灭菌 15 min

任务实施

微课：菌落总数的测定

《食品安全国家标准 食品微生物学检验 菌落总数测定》(GB 4789.2—2022)适用于食品中菌落总数的测定。测定程序如图 4-1 所示。

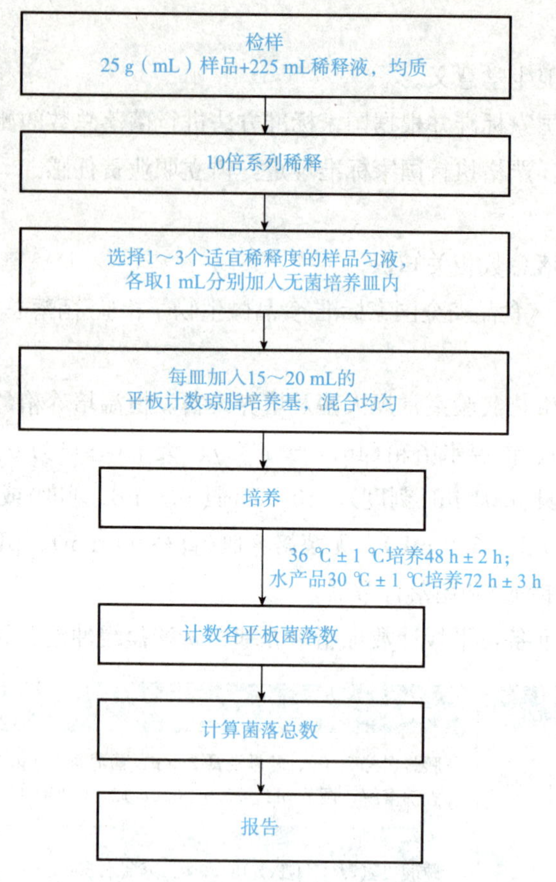

图 4-1　菌落总数测定程序

序号	实施步骤	实施内容	操作要点
1	样品处理	1. 固体和半固体样品：称取 25 g 样品置盛有 225 mL 磷酸盐缓冲液或生理盐水的无菌均质杯内，8 000～10 000 r/min 均质 1～2 min，或放入盛有 225 mL 稀释液的无菌均质袋中，用拍击式均质器拍打 1～2 min，配制成 1∶10 的样品匀液。 2. 液体样品：以无菌吸管吸取 25 mL 样品放置盛有 225 mL 磷酸盐缓冲液或生理盐水的无菌锥形瓶中，充分混合均匀，配制成 1∶10 的样品匀液	1. 取样时宜多采几个部位，保证样品的代表性。固体样品必须经过均质或研磨，液体样品须经过振摇，以获得均匀稀释液。 2. 液体样品制备时，锥形瓶内放置适当数量的无菌玻璃珠，以利于混合均匀
2	10 倍系列稀释	用 1 mL 无菌吸管或微量移液器吸取 1∶10 样品匀液 1 mL，沿管壁缓慢注于盛有 9 mL 稀释液的无菌试管中，振摇试管或换用 1 支无菌吸管反复吹打使其混合均匀，配制成 1∶100 的样品匀液。重复以上操作，制备 10 倍系列稀释样品匀液。每递增稀释一次，需换用 1 次 1 mL 无菌吸管或吸头	在进行稀释的过程中，吸管应插入检样稀释液液面 2.5 cm 以下，取液应先高于 1 cm，而后将尖端贴于试管内壁调整至 1 cm，这样可避免过多液体黏附于管外，而后将 1 mL 样液放入另一试管时应沿管壁加入，吸管尖端不要触及稀释液液面

续表

序号	实施步骤	实施内容	操作要点
3	倒平板	根据对样品污染状况的估计，选择 2～3 个适宜稀释度的样品匀液，在进行 10 倍递增稀释时，吸取 1 mL 样品匀液于无菌平皿，每个稀释度做两个平皿。同时，分别吸取 1 mL 空白稀释液加入两个无菌平皿做空白对照。及时将 15～20 mL 冷却至 46～50 ℃的平板计数琼脂培养基[可放置于(48±2)℃恒温水浴箱中保温]倾注平皿，并转动平皿使其混合均匀	为使菌落能在平板上均匀分布，将检液加入平皿后，应尽快倾注培养基并旋转混合均匀，检样从开始稀释到倾注最后一个平皿所用时间不宜超过 20 min，以防止细菌有所死亡或繁殖
4	培养	待琼脂凝固后，将平板翻转，(36±1)℃培养(48±2)h，水产品(30±1)℃培养(72±3)h	如果样品中可能含有在琼脂培养基表面弥漫生长的菌落时，可在凝固后的琼脂表面覆盖一薄层琼脂培养基(约为 4 mL)，凝固后翻转平板，按上述条件进行培养
5	菌落计数	记录稀释倍数和相应的菌落数量。菌落计数以菌落形成单位 CFU 表示。 1. 选取菌落数为 30～300 CFU、无蔓延菌落生长的平板计数菌落总数。低于 30 CFU 的平板记录具体菌落数，大于 300 CFU 的可记录为多不可计。每个稀释度的菌落数应采用两个平板的平均数。 2. 其中一个平板有较大片状菌落生长时，则不宜采用，应以无片状菌落生长的平板作为该稀释度的菌落数；若片状菌落不到平板的一半，而其余一半中菌落分布又很均匀，即可计算半个平板后乘以 2，代表一个平板菌落数。 3. 当平板上出现菌落间无明显界线的链状生长时，则将每条单链作为一个菌落计数	1. 培养形成的菌落可用肉眼观察，必要时用放大镜或菌落计数器。 2. 为了避免食品中的微小颗粒或培基中的杂质与细菌菌落发生混淆，不易分辨，可同时做一稀释液与琼脂培养基混合的平板，不经培养，而于 4 ℃环境中放置，以便计数时做对照观察
6	结果计算	按表 4-1 中所列情况计算	仔细甄别菌落的各种情况，按要求计算
7	结果报告	1. 菌落数小于 100 CFU 时，按“四舍五入”原则修约，以整数报告。 2. 菌落数大于或等于 100 CFU 时，第 3 位数字采用“四舍五入”原则修约后，采用两位数字，后面用 0 代替位数；也可用 10 的指数形式来表示，按“四舍五入”原则修约后，采用两位有效数字。 3. 若空白对照上有菌落生长，则此次检测结果无效。 4. 称重取样以 CFU/g 为单位报告，体积取样以 CFU/mL 为单位报告	严格按要求对计算结果进行修约和有效数字的保留
8	清理	工作完毕后，将试验所用物品放回原处，清理垃圾	带菌的物品应灭菌后再清洗

表 4-1　菌落总数测定的结果计算

<table>
<tr><th rowspan="2">序号</th><th rowspan="2">情况</th><th colspan="2">举例</th><th rowspan="2">计算结果</th></tr>
<tr><th>稀释度</th><th>菌落数/CFU</th></tr>
<tr><td rowspan="2">1</td><td rowspan="2">若只有一个稀释度平板上的菌落数在适宜计数范围内，计算 2 个平板菌落数的平均值，再将平均值乘以相应稀释倍数，作为每克(毫升)样品中菌落总数结果</td><td>1∶100</td><td>124，138</td><td rowspan="2">13 100</td></tr>
<tr><td>1∶1 000</td><td>11，14</td></tr>
<tr><td rowspan="2">2</td><td rowspan="2">若有两个连续稀释度的平板菌落数在适宜计数范围内时，按下式计算：
$$N=\frac{\sum C}{(n_1+0.1n_2)d}$$
式中　N——样品中菌落数；
C——平板(含适宜范围菌落数的平板)菌落数之和；
n_1——第一稀释度(低稀释倍数)平板个数；
n_2——第二稀释度(高稀释倍数)平板个数；
d——稀释因子(第一稀释度)</td><td>1∶100</td><td>232，244</td><td rowspan="2">24 727</td></tr>
<tr><td>1∶1 000</td><td>33，35</td></tr>
<tr><td rowspan="2">3</td><td rowspan="2">若所有稀释度的平板上菌落数均大于 300 CFU，则对稀释度最高的平板进行计数，其他平板可记录为多不可计，结果按平均菌落数乘以最高稀释倍数计算</td><td>1∶100</td><td>多不可计，多不可计</td><td rowspan="2">431 000</td></tr>
<tr><td>1∶1 000</td><td>442，420</td></tr>
<tr><td rowspan="2">4</td><td rowspan="2">若所有稀释度的平板菌落数均小于 30 CFU，则应按稀释度最低的平均菌落数乘以稀释倍数计算</td><td>1∶10</td><td>14，15</td><td rowspan="2">145</td></tr>
<tr><td>1∶100</td><td>1，0</td></tr>
<tr><td rowspan="2">5</td><td rowspan="2">若所有稀释度(包括液体样品原液)平板均无菌落生长，则以小于 1 乘以最低稀释倍数计算</td><td>1∶10</td><td>0，0</td><td rowspan="2"><10</td></tr>
<tr><td>1∶100</td><td>0，0</td></tr>
<tr><td rowspan="2">6</td><td rowspan="2">若所有稀释度的平板菌落数均不在 30 CFU 与 300 CFU 之间，其中一部分小于 30 CFU 或大于 300 CFU 时，则以最接近 30 CFU 或 300 CFU 的平均菌落数乘以稀释倍数计算</td><td>1∶10</td><td>312，306</td><td rowspan="2">3 090</td></tr>
<tr><td>1∶100</td><td>14，19</td></tr>
</table>

安全贴士

1. 接种操作时应严格无菌操作，以防止造成微生物污染。

2. 使用培养箱、高压蒸汽灭菌锅、超净工作台等仪器时，应规范操作，防止因误操作引起烫伤、触电等伤害。

实施报告

菌落总数测定实施报告

检验项目		检验日期	
检验样品		检验依据	

续表

稀释度	菌落数 1/CFU	菌落数 2/CFU	计算结果	结果报告
操作要点：				
遇到问题及解决方法：				
产品国家标准要求				
结论				
检验员： 复核人：		日期： 日期：		

任务评价

内容	评分标准	分值	得分
试验准备	工作服穿戴整齐	2	
	试验试剂耗材准备齐全	3	
超净工作台的灭菌	灭菌时间设置准确，灭菌效果良好	5	
样品处理	根据样品性状特点进行处理，准确制备出 1∶10 的样品匀液	8	
10 倍系列稀释	稀释操作准确，每递增稀释 1 次，换用一次新的无菌吸管或吸头	10	
倒平板	稀释度选择合适，培养基温度适宜，平板完成倾注后，混合均匀，做空白对照	10	
培养	培养条件设置准确	5	
菌落计数	能正确判断菌落情况，选择适合计数的平板进行计数，计数准确	10	
结果计算	根据计数情况选择适宜的计算方法	10	
结果报告	结果修约与有效数字保留准确	10	
实施报告	报告填写认真、字迹清晰	5	
	各项目填写准确	7	

续表

内容	评分标准	分值	得分
清洁整理	使用过的菌种进行灭菌后处理，清洁并整理实验台	5	
综合素养	具备标准意识，严格执行国家标准规定，具有职业责任感	10	
得分合计			

知识链接 菌落总数

一、菌落总数概述

菌落总数是指食品检样经过处理，在一定条件下培养后，所得 1 g 或 1 mL 检样中形成的细菌菌落总数，以 CFU/g(mL)来表示。一定条件包括培养基成分、培养温度、培养时间、pH、是否需要氧气等。按国家标准方法规定，微生物在需氧情况下，(36±1)℃培养(48±2)h，能在平板计数琼脂上生长并形成被肉眼识别的菌落总数。每个菌落都是由数以万计的相同细菌聚集而成，而不能够满足生长条件的，如厌氧或微需氧、有特殊营养要求的微生物是不能生长的。因此，使用此国家标准方法测定的菌落总数并不能反映实际样品中的所有微生物总数，而且生长出的菌落不能区分细菌的种类，有时被称为杂菌数或需氧菌数。

二、菌落总数测定的意义

菌落总数测定用来判定食品被细菌污染的程度及卫生质量。菌落总数在一定程度上反映出食品卫生质量的优劣，以及食品在生产过程中是否符合卫生要求，也可以观察细菌在食品中的繁殖动态，预测食品的存放期限，为卫生学评价提供依据。

菌落总数是食品安全指标中的重要检验项目，主要作为判别食品被污染程度的标志。菌落总数严重超标，说明其产品的卫生状况达不到基本的卫生要求，将会破坏食品的营养成分，加速食品的腐败变质，使食品失去食用价值。需要强调的是，菌落总数和致病菌数有着本质区别。菌落总数包括致病菌数和有益菌数。对人体有损害的主要是致病菌，有些致病菌会破坏肠道的正常菌落环境，一部分可能在肠道被杀灭，一部分会留在人体引起腹泻、损伤肝脏等身体器官。菌落总数超标也意味着致病菌超标的概率增大，增加了危害人体健康的风险。

因此，不能单凭菌落总数这一项指标来评价食品安全质量的优劣，必须配合大肠菌群和致病菌的检验，才能对食品做出较全面的评价。

三、菌落总数测定的质量控制

在进行菌落总数测定时应控制环境污染，在每次检验时，应两个平板计数琼脂培养基

同时打开，在检验环境中暴露不少于 15 min，然后将此平板与本批次样品同时进行培养，以掌握检验过程中是否有来自环境的污染。若检验的样品有颗粒时，为了避免菌落计数时颗粒与菌落发生混淆，可将稀释液与计数琼脂混合，放置在 4 ℃环境中，以便在计数时对照，使计数结果准确。在试验过程中，若空白平板出现菌落，应对所使用的吸管、稀释液、平皿、培养基等进行污染源来源分析，避免再次产生污染。

能力进阶

依据全国职业院校技能大赛“食品安全与质量检测”赛项中微生物检验技能考核要求，选手应具备菌落总数测定操作和结果报告能力，菌落总数测定应巩固以下问题：

知识题：1. 什么是菌落总数？其测定意义有哪些？

2. 影响菌落总数测定准确性的因素有哪些？

3. 为什么水产品与其他食品测定时的培养条件不同？

4. 当高稀释度平板上的菌落数比低稀释度平板上的菌落数高时，应如何处理？

5. 当所有平板上的菌落都密布时，应如何报告结果？

技能题：设计试验方案，测定饮料中的菌落总数。

任务三　大肠菌群计数

任务描述

按照检验机构要求，对市场上抽检的乳制品进行微生物指标检验，作为检验人员，请完成样品的大肠菌群计数。

任务目标

1. 熟悉大肠菌群卫生学意义。

2. 能够解读国家标准，并根据国家标准方法进行大肠菌群计数。

3. 引导学生规范操作，严格按国家标准执行，培养标准意识和依据食品安全标准开展食品检测工作的能力。

任务准备

1. 知识准备：大肠菌群相关知识。

2. 国家标准准备：《食品安全国家标准 食品微生物学检验 大肠菌群计数》(GB 4789.3—2016)。

3. 材料准备：微生物实验室常规灭菌及培养设备、恒温培养箱[(36±1)℃]、冰箱(2～5 ℃)、恒温水浴箱[(46±1)℃]、天平(感量 0.1 g)、均质器、振荡器、无菌吸管[1 mL(具 0.01 mL 刻度)、10 mL(具 0.1 mL 刻度)或微量移液器及吸头]、无菌锥形瓶(容量 500 mL)、无菌培养皿(直径为 90 mm)、pH 计(或 pH 比色管或精密 pH 试纸)、菌落计数器。

4. 培养基及试剂准备：月桂基硫酸盐胰蛋白胨(LST)肉汤、煌绿乳糖胆盐(BGLB)肉汤、磷酸盐缓冲液、生理盐水、1 mol/L NaOH 溶液、1 mol/L HCl 溶液。

序号	培养基或试剂	配制
1	月桂基硫酸盐胰蛋白胨(LST)肉汤	胰蛋白胨或胰酪胨 20.0 g、氯化钠 5.0 g、乳糖 5.0 g、磷酸氢二钾(K_2HPO_4)2.75 g、磷酸二氢钾(KH_2PO_4)2.75 g、月桂基硫酸钠 0.1 g、蒸馏水 1 L； 调节 pH 值至 6.8±0.2，分装到有玻璃小导管的试管中，每管 10 mL，121 ℃高压灭菌 15 min
2	煌绿乳糖胆盐(BGLB)肉汤	蛋白胨 10.0 g、乳糖 10.0 g、牛胆粉溶液 200 mL、0.1%煌绿水溶液 13.3 mL、蒸馏水 800 mL； 将蛋白胨、乳糖溶于约 500 mL 蒸馏水中，加入牛胆粉溶液 200 mL(将 20.0 g 脱水牛胆粉溶于 200 mL 蒸馏水中，调节 pH 值至 7.0～7.5)，用蒸馏水稀释到 975 mL，调节 pH 值至 7.2±0.1，再加入 0.1%煌绿水溶液 13.3 mL，用蒸馏水补足到 1 000 mL，用棉花过滤后，分装到有玻璃小导管的试管中，每管 10 mL。121 ℃高压灭菌 15 min
3	磷酸盐缓冲液	磷酸二氢钾(KH_2PO_4)34.0 g、蒸馏水 500 mL； 1. 贮存液：称取 34.0 g 的磷酸二氢钾溶于 500 mL 蒸馏水中，用大约 175 mL 的 1 mol/L 氢氧化钠溶液调节 pH 值至 7.2±0.2，用蒸馏水稀释至 1 L 后贮存于冰箱。 2. 稀释液：取贮存液 1.25 mL，用蒸馏水稀释至 1 L，分装于适宜容器中，121 ℃高压灭菌 15 min
4	生理盐水	8.5 g 氯化钠，蒸馏水 1 L； 121 ℃高压灭菌 15 min
5	1 mol/L NaOH 溶液	40 g 氢氧化钠，无菌蒸馏水 1 L
6	1 mol/L HCl 溶液	浓盐酸 90 mL，无菌蒸馏水 1 L

任务实施

微课：大肠菌群计数

《食品安全国家标准 食品微生物学检验 大肠菌群计数》(GB 4789.3—2016)中规定了两种测定方法：一种是大肠菌群 MPN 计数法，适用于大肠菌群含量较低的食品中大肠菌群的计数；另一种是大肠菌群平板计数法，适用于大肠菌群含量较高的食品中大肠菌群的计数。本任务使用大肠菌群 MPN 计数法进行计数。

MPN 是最可能数，是基于泊松分布的一种间接计数方法。样品经过处理与稀释后，

根据其未生长的最低稀释度与生长的最高稀释度，应用统计学概率论推算出待测样品中大肠菌群的最大可能数。大肠菌群 MPN 计数法检验程序如图 4-2 所示。

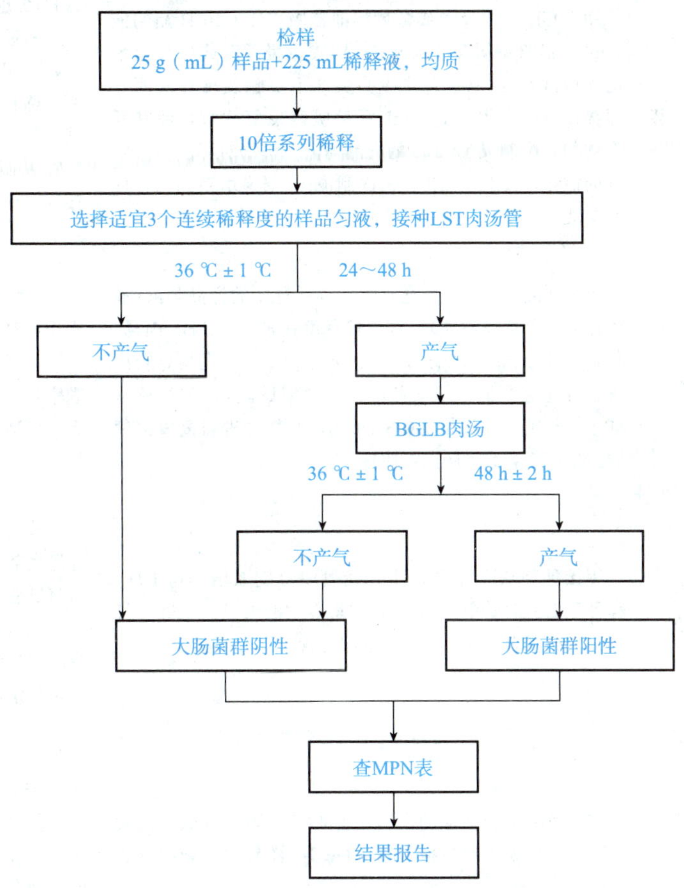

图 4-2　大肠菌群 MPN 计数法检验程序

序号	实施步骤	实施内容	操作要点
1	样品处理	1. 固体和半固体样品：称取 25 g 样品，放入盛有 225 mL 磷酸盐缓冲液或生理盐水的无菌均质杯，8 000～10 000 r/min 均质 1～2 min，或放入盛有 225 mL 磷酸盐缓冲液或生理盐水的无菌均质袋，用拍击式均质器拍打 1～2 min，配制成 1∶10 的样品匀液。 2. 液体样品：以无菌吸管吸取 25 mL 样品置盛有 225 mL 磷酸盐缓冲液或生理盐水的无菌锥形瓶（瓶内预置适当数量的无菌玻璃珠）或其他无菌容器中充分振摇或置于机械振荡器中振摇，充分混合均匀，配制成 1∶10 的样品匀液	进行样品处理时，一定要按照要求进行取样、混合均匀和稀释，确保结果的准确性
2	调节 pH	样品匀液的 pH 值应为 6.5～7.5，可用 1 mol/L NaOH 或 1 mol/L HCl 调节	调节 pH 值时应少量滴加，充分混合均匀，以防止调节过度

续表

序号	实施步骤	实施内容	操作要点
3	10倍系列稀释	用1 mL无菌吸管或微量移液器吸取1∶10样品匀液1 mL，沿管壁缓缓注入9 mL磷酸盐缓冲液或生理盐水的无菌试管(注意吸管或吸头尖端不要触及稀释液面)，振摇试管或换用1支1 mL无菌吸管反复吹打，使其混合均匀，配制成1∶100的样品匀液。根据对样品污染状况的估计，按上述操作，依次制成10倍递增系列稀释样品匀液	1. 在进行10倍系列稀释时，每递增稀释1次，换用1支1 mL无菌吸管或吸头，每一稀释液应充分振摇，使其均匀。 2. 从制备样品匀液至样品接种完毕，全过程不得超过15 min
4	初发酵试验	每个样品，选择3个适宜的连续稀释度的样品匀液(液体样品可以选择原液)，每个稀释度接种3管LST肉汤，每管接种1 mL，(36±1)℃培养(24±2)h，观察导管内是否有气泡产生。产气者进行复发酵试验(证实试验)，如未产气则继续培养至(48±2)h，产气者进行复发酵试验。未产气者为大肠菌群阴性	1. 接种量若超过1 mL，则用双料LST肉汤。 2. 培养基在加入样品前应观察导管中是否有气泡，若有，应适当倾斜，让气体释放出来
5	复发酵试验(证实试验)	用接种环从产气的LST肉汤管中分别取培养物1环，移种于BGLB管中，(36±1)℃培养(48±2)h，观察产气情况。产气者，计为大肠菌群阳性管	某些食品样品可能会堵塞导管底部，影响气泡的观察，可将试管微微倾斜，用手指轻弹试管壁，观察是否有一串小气泡沿管壁升起，若有，则可判定产气
6	大肠菌群最可能数(MPN)的报告	按复发酵试验确证的大肠菌群BGLB阳性管数，检索MPN表(见表4-2)，报告每克(毫升)样品中大肠菌群的MPN值	当试验结果在MPN表中无法查找到MPN时，建议增加稀释度(可做4～5个稀释度)，使样品的最高稀释度能达到获得阴性终点，然后遵循相关的规则进行查找，最终确定MPN
7	清理实验台	试验完毕，清洗试验用品，清理实验台，将试剂送回存放处	沾菌的器具应灭菌后再清洗干净

表4-2　大肠菌群最可能数(MPN)检索表

阳性管数			MPN	95%可信限		阳性管数			MPN	95%可信限	
0.10	0.01	0.001		下限	上限	0.10	0.01	0.001		下限	上限
0	0	0	<3.0	—	9.5	2	2	0	21	4.5	42
0	0	1	3.0	0.15	9.6	2	2	1	28	8.7	94
0	1	0	3.0	0.15	11	2	2	2	35	8.7	94
0	1	1	6.1	1.2	18	2	3	0	29	8.7	94
0	2	0	6.2	1.2	18	2	3	1	36	8.7	94
0	3	0	9.4	3.6	38	3	0	0	23	4.6	94

续表

阳性管数			MPN	95%可信限		阳性管数			MPN	95%可信限	
0.10	0.01	0.001		下限	上限	0.10	0.01	0.001		下限	上限
1	0	0	3.6	0.17	18	3	0	1	38	8.7	110
1	0	1	7.2	1.3	18	3	0	2	64	17	180
1	0	2	11	3.6	38	3	1	0	43	9	180
1	1	0	7.4	1.3	20	3	1	1	75	17	200
1	1	1	11	3.6	38	3	1	2	120	37	420
1	2	0	11	3.6	42	3	1	3	160	40	420
1	2	1	15	4.5	42	3	2	0	93	18	420
1	3	0	16	4.5	42	3	2	1	150	37	420
2	0	0	9.2	1.4	38	3	2	2	210	40	430
2	0	1	14	3.6	42	3	2	3	290	90	1 000
2	0	2	20	4.5	42	3	3	0	240	42	1 000
2	1	0	15	3.7	42	3	3	1	460	90	2 000
2	1	1	20	4.5	42	3	3	2	1 100	180	4 100
2	1	2	27	8.7	94	3	3	3	>1 100	420	—

注：1. 本表采用 3 个稀释度[0.1 g(mL)、0.01 g(mL)、0.001 g(mL)]，每个稀释度接种 3 管。
2. 表内所列检验量如改用 1 g(mL)、0.1 g(mL)、0.01 g(mL)时，表内数字应相应降低 10 倍；如改用 0.01 g(mL)、0.001 g(mL)、0.0001 g(mL)时，表内数字应相应增高 10 倍，其余类推。

安全贴士

1. 无菌室和超净工作台进行紫外灭菌时不能进行任务工作，防止紫外线照射引起辐射伤害。

2. 试验过程中产生的生物垃圾，应在 121 ℃下灭菌 20 min 后方可进行处理。

3. 试管等玻璃器皿使用过程中应轻拿、轻放，避免大幅度操作导致玻璃炸裂，引起割伤。

实施报告

大肠菌群 MPN 计数实施报告

检验项目					检验日期				
检验样品					检验依据				
稀释度									
管号	1	2	3	1	2	3	1	2	3
初发酵									
复发酵									
阳性管数									

续表

结果报告	
操作要点：	
遇到问题及解决方法：	
产品国家标准要求	
结论	
检验员： 复核人：	日期： 日期：

任务评价

内容	评分标准	分值	得分
试验准备	工作服穿戴整齐	2	
	试验试剂耗材准备齐全	3	
超净工作台的灭菌	灭菌时间设置准确，灭菌效果良好	5	
样品处理	根据样品性状特点进行处理，准确制备出 1∶10 的样品匀液	8	
调节 pH 值	准确调节 pH 值至 6.5～7.5	5	
10 倍系列稀释	稀释操作准确，每递增稀释 1 次，换用一次新的无菌吸管或吸头，从样品制备至接种完毕在 15 min 内完成	10	
初发酵试验	稀释度选择合适，发酵管接种量准确，根据产气现象准确判断初发酵结果	15	
复发酵试验（证实试验）	接种操作准确，正确选择初发酵的产气管进行接种，准确判断复发酵结果	15	
大肠菌群最可能数（MPN）的报告	根据复发酵试验确证大肠菌群 BGLB 的阳性管数，准确查阅 MPN 检索表，报告试验结果	10	
实施报告	报告填写认真、字迹清晰	5	
	各项目填写准确	7	
清洁整理	使用过的菌种进行灭菌后处理，清洁并整理实验台	5	
综合素养	具备标准意识，严格执行国家标准规定，具有职业责任感	10	
得分合计			

知识链接　大肠菌群

一、大肠菌群概述

大肠菌群是指在一定培养条件下能发酵乳糖、产酸产气的需氧和兼性厌氧革兰阴性无芽孢杆菌。大肠菌群并非细菌学分类命名，而是卫生细菌领域的用语，它不代表某一个或某一属细菌，而指的是具有某些特征的一组与粪便污染有关的细菌。大肠菌群包括埃希氏菌属、柠檬细菌属、肠杆菌属、克雷伯菌属等，大肠菌群中以埃希氏菌属为主，称为典型大肠杆菌，其他三属习惯上称为非典型大肠杆菌。其生化特性分类见表 4-3。

表 4-3　大肠菌群生化特性分类表

项目	靛基质	甲基红	V-P	柠檬酸盐	H_2S	明胶	动力	44.5 ℃乳糖
大肠埃希菌Ⅰ	+	+	−	−	−	−	+/−	+
大肠埃希菌Ⅱ	−	+	−	−	−	−	+/−	−
大肠埃希菌Ⅲ	+	+	−	−	−	−	+/−	−
费劳地柠檬酸杆菌Ⅰ	−	+	−	+	+/−	−	+/−	−
费劳地柠檬酸杆菌Ⅱ	+	+	−	+	+/−	−	+/−	−
产气克雷伯菌Ⅰ	−	−	+	+	−	−	−	−
产气克雷伯菌Ⅱ	+	−	+	+	−	−	−	−
阴沟肠杆菌	+	−	+	+	−	+/−	+	−

注：+表示阳性；−表示阴性；+/−表示多数阳性，少数阴性。

二、大肠菌群测定的意义

大肠菌群分布较广，多存在于温血动物粪便、人类经常活动的场所及有粪便污染的地方。人畜粪便对外界环境的污染，是大肠菌群在自然界存在的主要原因。大肠菌群作为粪便污染的指示菌，其数值高低表明了粪便污染程度，也反映了对人体健康危害性的大小。粪便是人类肠道排泄物，其中有健康人粪便，也有肠道患者或带菌者的粪便，所以，粪便内除存在一般正常的细菌外，也会存在一些肠道致病菌。因而，食品中有粪便污染可以推测该食品中存在着肠道致病菌污染的可能性，潜伏着食品中毒和流行病的威胁，对人体健康具有潜在的危险性。大肠菌群作为评价食品卫生质量的重要指标之一，目前已被国内外广泛应用于食品卫生工作中，大肠菌群的检出不但反映着样品被粪便污染的情况，而且在一定程度上也反映了食品在生产、加工、运输、保存等过程中的卫生状况，具有广泛的卫生学意义。

三、大肠菌群 MPN 计数的质量控制

为了控制环境污染，在每次检测过程中应在检验工作台上打开两个计数琼脂平板，并在检验环境中至少暴露 15 min，将此平板与本批次样品同时进行培养，以掌握检验过程中是否存在来自检验环境的污染。检验中所使用的试验耗材，如培养基、稀释液、平皿、吸管等必须是完全灭菌的。如重复使用的耗材应彻底清洗干净，不得残留有抑菌物质。当对较易产生较大颗粒的样品(如肉类等)进行检验时，建议使用带滤网的均质袋，以方便均质后用吸管吸取溶液。鉴于微量移液器移液头较短，为控制污染，在混合均匀、移液过程中不宜使用。

仿真：大肠菌群平板计数法

能力进阶

依据农产品食品检验员职业技能等级证书中微生物基础检验的技能要求，大肠菌群计数应巩固以下问题：

知识题：1. 什么是大肠菌群？其测定的意义有哪些？

2. 大肠菌群国家标准检测方法中各培养基的作用是什么？

3. 若复发酵试验确证的阳性管数在 MPN 检索表中查不出来，应如何处理？

4. 大肠菌群 MPN 计数法和平板计数法应如何选择？

技能题：设计试验方案，应用平板计数法对乳制品进行大肠菌群计数。

任务四　霉菌和酵母计数

任务描述

按照检验机构要求，对市场上抽检的发酵乳制品进行霉菌和酵母指标检验，作为质检员，请完成样品的霉菌和酵母计数。

任务目标

1. 熟悉霉菌和酵母的卫生学意义。

2. 能够解读国家标准并根据国家标准方法进行霉菌和酵母计数。

3. 如实记录试验结果，并根据结果出具检验报告，具备严谨求实的科学态度和诚信的职业品格。

任务准备

1. 知识准备：霉菌和酵母相关知识。

2. 国家标准准备：《食品安全国家标准 食品微生物学检验 霉菌和酵母计数》(GB 4789.15—2016)。

3. 材料准备：微生物实验室常规灭菌及培养设备、培养箱[(28±1)℃]、拍击式均质器及均质袋、电子天平(感量 0.1 g)、无菌锥形瓶(容量 500 mL)、无菌吸管[1 mL(具 0.01 mL 刻度)]、10 mL(具 0.1 mL 刻度)、无菌试管(18×18 mm)、涡旋混合器、无菌平皿(直径 90 mm)、恒温水浴箱[(46±1)℃]。

4. 培养基及试剂准备：生理盐水、磷酸盐缓冲液、马铃薯葡萄糖琼脂培养基、孟加拉红琼脂培养基。

序号	培养基或试剂	配制
1	生理盐水	氯化钠 8.5 g、蒸馏水 1 L； 121 ℃高压灭菌 15 min
2	磷酸盐缓冲液	磷酸二氢钾(KH_2PO_4)34.0 g、蒸馏水 500 mL； 1. 贮存液：称取 34.0 g 的磷酸二氢钾溶于 500 mL 蒸馏水中，用大约 175 mL 的 1 mol/L 氢氧化钠溶液调节 pH 至 7.2±0.2，用蒸馏水稀释至 1 L 后贮存于冰箱。 2. 稀释液：取贮存液 1.25 mL，用蒸馏水稀释至 1 L，分装于适宜容器中，121 ℃高压灭菌 15 min
3	马铃薯葡萄糖琼脂培养基	马铃薯(去皮切块)300 g、葡萄糖 20.0 g、琼脂 20.0 g、氯霉素 0.1 g、蒸馏水 1 L； 将马铃薯去皮切块加 1 L 蒸馏水，煮沸 10～20 min，用纱布过滤，加蒸馏水至 1 L，加入葡萄糖和琼脂加热溶解，分装后 121 ℃灭菌 15 min，备用
4	孟加拉红琼脂培养基	蛋白胨 5.0 g、葡萄糖 10.0 g、磷酸二氢钾 1.0 g、无水硫酸镁 0.5 g、琼脂 20.0 g、孟加拉红 0.033 g、氯霉素 0.1 g、蒸馏水 1 L； 121 ℃灭菌 15 min，避光备用

任务实施

微课：霉菌和酵母计数

《食品安全国家标准 食品微生物学检验 霉菌和酵母计数》(GB 4789.15—2016)中规定了两种测定霉菌和酵母的方法：第一种是平板计数法，适用于各类食品中霉菌和酵母的计数；第二种是霉菌直接镜检计数法，适用于番茄罐头、番茄汁中的霉菌计数。本任务使用平板计数法对发酵乳制品中的霉菌和酵母计数。检验程序如图 4-3 所示。

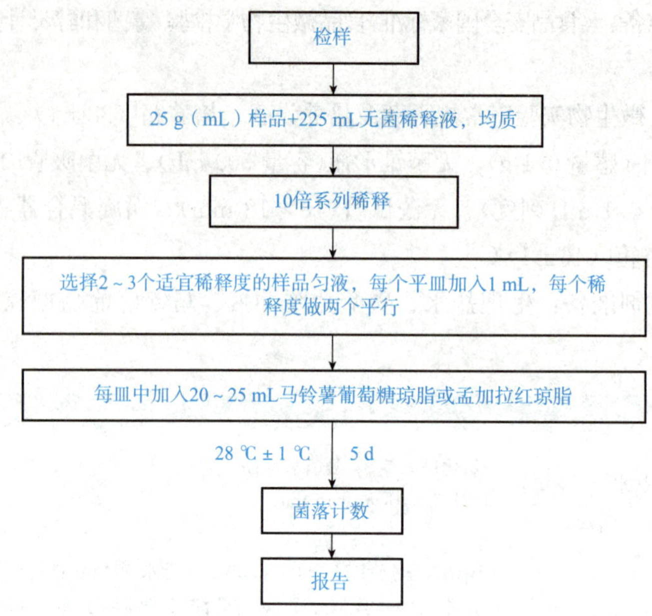

图 4-3　酵母和霉菌平板计数法检验程序

序号	实施步骤	实施内容	操作要点
1	样品处理	1. 固体和半固体样品：称取 25 g 样品，放入 225 mL 无菌稀释液(磷酸盐缓冲液或生理盐水或蒸馏水)，充分振摇，或用拍击式均质器拍打 1～2 min，配制成 1∶10 的样品匀液。 2. 液体样品：以无菌吸管吸取 25 mL 样品置盛有 225 mL 无菌稀释液(磷酸盐缓冲液或生理盐水或蒸馏水)的适宜容器内(瓶内预置适当数量的无菌玻璃珠)或无菌均质袋中，充分振摇或用拍击式均质器拍打 1～2 min，配制成 1∶10 的样品匀液	1. 进行样品处理时，一定按照要求进行取样、混合均匀和稀释，以确保结果的准确性。 2. 样品在稀释时建议采用拍击式均质器或均质袋，避免振荡方式造成均质不够，或者旋转刀均质器造成霉菌菌丝体切断的问题
2	10 倍系列稀释	用 1 mL 无菌吸管或微量移液器吸取 1∶10 样品匀液 1 mL，沿管壁缓慢注于盛有 9 mL 无菌稀释液的试管中，换用另 1 支无菌吸管反复吹打使其混合均匀，或在涡旋混合器上混合均匀，制成 1∶100 的样品匀液。重复以上操作制备 10 倍系列稀释样品匀液。每递增稀释一次，换用 1 次 1 mL 无菌吸管或吸头	样品应稀释至所需倍数，因霉菌生长形成的菌落较大，所以平板中应避免产生过多菌落，以免不易计数
3	倒平板	根据对样品污染状况的估计，选择 2～3 个适宜稀释度的样品匀液(液体样品可包括原液)，在进行 10 倍递增稀释时，每个稀释度吸取 1 mL 样品匀液于 2 个无菌平皿内。同时，分别吸取 1 mL 空白稀释液加入 2 个无菌平皿内做空白对照。及时将 20～25 mL 冷却至 46 ℃的马铃薯葡萄糖琼脂或孟加拉红琼脂培养基(可放置于 46 ℃±1 ℃恒温水浴箱中保温)倾注平皿，并转动平皿使其混合均匀。置水平台面待培养基完全凝固	平皿混合时应先向一个方向旋转，再转向相反方向，充分混合均匀

续表

序号	实施步骤	实施内容	操作要点
4	培养	待琼脂凝固后，正置平板，(28±1)℃培养，观察并记录培养至第 5 d 的结果	1. 正置培养，主要是避免在反复观察的过程中上下颠倒平板，导致霉菌孢子扩散形成次生小菌落。 2. 培养 3 d 后开始观察菌落生长情况，共培养 5 d
5	菌落计数	记录稀释倍数和相应的霉菌和酵母菌落数，以菌落形成单位 CFU 表示。选取菌落数在 10～150 CFU 的平板，根据菌落形态分别计数霉菌和酵母。霉菌蔓延生长覆盖整个平板的可记录为菌落蔓延	酵母菌和霉菌需在不同稀释度平板上分开计数，注意区分酵母和霉菌的菌落形态，必要时可用放大镜或低倍镜辅助
6	结果计算	根据菌落计数情况按照表 4-4 进行计算	仔细甄别菌落的各种情况，按要求计算
7	结果报告	1. 菌落数按“四舍五入”原则修约。菌落数在 10 CFU 以内时，采用一位有效数字报告；菌落数为 10～100 CFU 时，采用两位有效数字报告。 2. 菌落数大于或等于 100 CFU 时，第 3 位数字采用“四舍五入”原则修约后，取前 2 位数字，后面用 0 代替位数；也可用 10 的指数形式来表示，按“四舍五入”原则修约后，采用两位有效数字。 3. 若空白对照上有菌落生长，则此次检测结果无效。 4. 称重取样以 CFU/g 为单位报告，体积取样以 CFU/mL 为单位报告，报告或分别报告霉菌和/或酵母数	严格按要求对计算结果进行修约和有效数字的保留
8	清理实验台	试验完毕，清洗试验用品，清理实验台，将试剂送回存放处	沾菌的器具应灭菌后再清洗干净

表 4-4 霉菌和酵母计数的结果计算

序号	计数情况	结果计算
1	只有一个稀释度平板上的菌落数在适宜计数范围内	计算同一稀释度的两个平板菌落数平均值，再将平均值乘以相应稀释倍数
2	有两个连续稀释度的平板菌落数均为 10～150 CFU	按公式计算： $$N=\frac{\sum C}{(n_1+0.1n_2)d}$$ 式中 N——样品中菌落数； C——平板(含适宜范围菌落数的平板)菌落数之和； n_1——第一稀释度(低稀释倍数)平板个数； n_2——第二稀释度(高稀释倍数)平板个数； d——稀释因子(第一稀释度)

续表

序号	计数情况	结果计算
3	所有稀释度的平板上菌落数均大于150 CFU	对稀释度最高的平板进行计数，其他平板可记录为多不可计，结果按平均菌落数乘以最高稀释倍数计算
4	所有稀释度的平板菌落数均小于10 CFU	应按稀释度最低的平均菌落数乘以稀释倍数计算
5	所有稀释度(包括液体样品原液)平板均无菌落生长	以小于1乘以最低稀释倍数计算
6	所有稀释度的平板菌落数均不在10～150 CFU，其中一部分小于10 CFU或大于150 CFU	以最接近10 CFU或150 CFU的平均菌落数乘以稀释倍数计算

安全贴士

1. 检验使用的仪器应定期检定和校准，按操作规程规范使用，使用后填写使用记录，避免违规操作，引起意外伤害。

2. 称取培养基试剂粉末时，应轻取轻放，避免引起粉尘过敏；试剂使用完毕及时归还，防止误拿误用。

实施报告

霉菌和酵母计数实施报告

检验项目			检验日期	
检验样品			检验依据	
项目名称	霉菌			
稀释浓度				空白
1				
2				
平均值				
结果报告				
项目名称	酵母			
稀释浓度				空白
1				
2				
平均值				

续表

结果报告	
操作要点：	
遇到问题及解决方法：	
产品国家标准要求	
结论	
检验员：　　　　日期： 复核人：　　　　日期：	

任务评价

内容	评分标准	分值	得分
试验准备	工作服穿戴整齐	2	
	试验试剂耗材准备齐全	3	
超净工作台的灭菌	灭菌时间设置准确，灭菌效果良好	5	
样品处理	根据样品性状特点进行处理，使用拍击式均质器进行混合均匀，准确制备出 1∶10 的样品匀液	8	
10 倍系列稀释	稀释操作准确，样品稀释浓度适宜，每递增稀释 1 次，换用一次新的无菌吸管或吸头	10	
倒平板	稀释度选择合适，培养基温度适宜，平板完成倾注后，混合均匀，做空白对照	10	
培养	培养条件设置准确，正置培养，及时观察记录	5	
菌落计数	能正确区分霉菌和酵母的菌落特征，选择适合计数的平板进行计数，计数准确	10	
结果计算	根据计数情况选择适宜的计算方法计算结果	10	

续表

内容	评分标准	分值	得分
结果报告	结果修约与有效数字保留准确	10	
实施报告	报告填写认真、字迹清晰	5	
	各项目填写准确	7	
清洁整理	使用过的菌种进行灭菌后处理，清洁并整理实验台	5	
综合素养	能够如实记录实验结果，并出具检验报告，具备严谨求实的科学态度和诚信的职业品格。	10	
得分合计			

知识链接 霉菌和酵母

一、霉菌和酵母的测定意义

霉菌是丝状真菌的统称，即“发霉的真菌”，凡是在营养基质上能形成绒毛状、网状或絮状菌丝体的真菌都称为霉菌。酵母菌是真菌中的一大类，通常是单细胞，呈圆形、卵圆形、腊肠状或杆状，其细胞中蛋白质含量高达细胞干质量的50%以上，并含有人体必需的氨基酸。酵母多为腐生型，少数为寄生型。

霉菌和酵母广泛分布于自然界中，并可作为食品中正常菌种的一部分。长期以来，人们利用某些霉菌和酵母加工一些食品，如可以用霉菌加工干酪和火腿，使其味道鲜美，还可以利用霉菌和酵母来进行酿酒、制酱等。但在某些情况下，霉菌和酵母也可以造成食品腐败变质。霉菌和酵母常使食品表面失去色、香、味，如酵母菌在新鲜的和加工的食品中繁殖，可使食品产生难闻的异味，还可以使液体发生浑浊，产生气泡，形成薄膜，改变颜色及散发不正常气味等。霉菌和酵母还能利用部分果胶、有机酸、蛋白质和脂类等，在一些不适于细菌生长的食品中出现，这些食品一般 pH 值较低，含水率较低，含盐和含糖量较高，低温储存或含有抗生素等。一些食品虽然经过了照射处理，已不利于细菌的繁殖，但对于酵母和霉菌来说依然能够生长繁殖。有些霉菌能够合成有毒代谢产物——霉菌毒素，其可引起急性或慢性中毒，甚至会产生有强烈致癌性的霉菌毒素等。因此，霉菌和酵母可作为评价食品卫生质量的指示菌，并以霉菌和酵母计数来判定食品被污染的程度。

二、霉菌和酵母平板计数法的质量控制

霉菌和酵母计数过程中所使用的试验耗材，如培养基、稀释液、培养皿、均质袋

等，必须清洗干净并完全灭菌。霉菌和酵母平板计数法中使用的稀释液可以是无菌蒸馏水、无菌生理盐水或无菌磷酸盐缓冲溶液，可根据实际情况选择。培养基倾注完平皿进行混合均匀时，注意旋转力度不能过大，避免琼脂飞溅到平皿上方，也可以使用自动平皿旋转仪进行混合均匀。本试验培养时间较长，培养基使用量应为 20～25 mL，以使微生物充分生长。在培养过程中，为防止中间平皿过热，叠放的平皿高度不要超过 6 个。

能力进阶

依据农产品食品检验员职业技能等级证书中微生物基础检验的技能要求，霉菌和酵母计数应巩固以下问题：

知识题：1. 霉菌和酵母的检验意义是什么？

2. 马铃薯葡萄糖琼脂和孟加拉红琼脂培养基各有何作用？

3. 霉菌和酵母计数时为什么是正置培养？

4. 霉菌和酵母计数时有哪些注意事项？

技能题：设计方案，对饮料中的霉菌和酵母进行计数。

任务五 乳酸菌的检验

任务描述

按照检验机构要求，对市场上抽检的乳制品进行微生物指标检验，作为检验人员，请完成样品的乳酸菌检验。

任务目标

1. 了解乳酸菌的生理生化特性及卫生学意义。
2. 能够按照国家标准要求熟练进行乳酸菌检验。
3. 能够根据检验结果判断产品是否符合标准，树立产品质量意识。

任务准备

1. 知识准备：乳酸菌相关知识。
2. 国家标准准备：《食品安全国家标准 食品微生物学检验 乳酸菌检验》(GB 4789.35—2023)。
3. 材料准备：微生物实验室常规灭菌及培养设备、恒温培养箱(36 ℃±1 ℃)、厌氧培养装置(厌氧培养箱、厌氧罐、厌氧袋或能提供同等厌氧效果的装置)、冰箱(2～8 ℃)、均质器及无菌均质袋、均质杯或灭菌乳钵、电子天平(感量 0.001 g)、无菌试管(18 mm×180 mm、15 mm×100 mm)、无菌吸管[1 mL(具 0.01 mL 刻度)、10 mL(具 0.1 mL 刻度)]、微量移液器和灭菌吸头(2 μL、10 μL、100 μL、200 μL、1000 μL)、无菌锥形瓶(500 mL、250 mL)、无菌平皿(直径 90 mm)。

4. 培养基及试剂准备：稀释液、MRS 培养基、莫匹罗星锂盐和半胱氨酸盐酸盐改良 MRS 琼脂培养基、MC 培养基。

序号	培养基或试剂	配制
1	稀释液	氯化钠 8.5 g、胰蛋白胨 15 g、蒸馏水 1 L； 121 ℃高压灭菌 15 min
2	MRS 培养基	蛋白胨 10.0 g、牛肉浸粉 10.0 g、酵母浸粉 5.0 g、葡萄糖 20.0 g、吐温 80 1.0 mL、$K_2HPO_4 \cdot 7H_2O$ 2.0 g、醋酸钠 · $3H_2O$ 5.0 g、柠檬酸三铵 2.0 g、$MgSO_4 \cdot 7H_2O$ 0.1 g、$MnSO_4 \cdot 4H_2O$ 0.05 g、琼脂粉 15.0 g、蒸馏水 1 L； pH 值调节至 6.2±0.2，121 ℃高压灭菌 15 min
3	莫匹罗星锂盐和半胱氨酸盐酸盐改良 MRS 琼脂培养基	1. 莫匹罗星锂盐储备液制备：称取 50 mg 莫匹罗星锂盐加入 5 mL 蒸馏水中，用 0.22 μm 微孔滤膜过滤除菌，临用现配。 2. 半胱氨酸盐酸盐储备液制备：称取 500 mg 半胱氨酸盐酸盐加入 10 mL 蒸馏水中，用 0.22 μm 微孔滤膜过滤除菌，临用现配。 3. 将 MRS 培养基成分加入 985 mL 蒸馏水中，加热溶解，调节 pH 值至 6.2±0.2，分装后 121 ℃高压灭菌 15 min。临用时加热熔化琼脂，在水浴中冷至 48～50 ℃，用无菌注射器将莫匹罗星锂盐储备液及半胱氨酸盐酸盐储备液加入熔化琼脂中，使培养基中的莫匹罗星锂盐的浓度为 50 μg/mL，半胱氨酸盐酸盐的浓度为 500 μg/mL
4	MC 培养基	大豆蛋白胨 5.0 g、牛肉浸粉 5.0 g、酵母浸粉 5.0 g、葡萄糖 20.0 g、乳糖 20.0 g、碳酸钙 10.0 g、琼脂 15.0 g、蒸馏水 1 L、1%中性红溶液 5.0 mL； 将前面 7 种成分加入蒸馏水中，加热溶解，调节 pH 值至 6.0±0.2，加入中性红溶液。分装后 121 ℃高压灭菌 15 min

任务实施

微课：乳酸菌的检验

《食品安全国家标准 食品微生物学检验 乳酸菌检验》(GB 4789.35—2023)适用于含活性乳酸菌的食品中乳酸菌的检验。检验程序如图 4-4 所示。

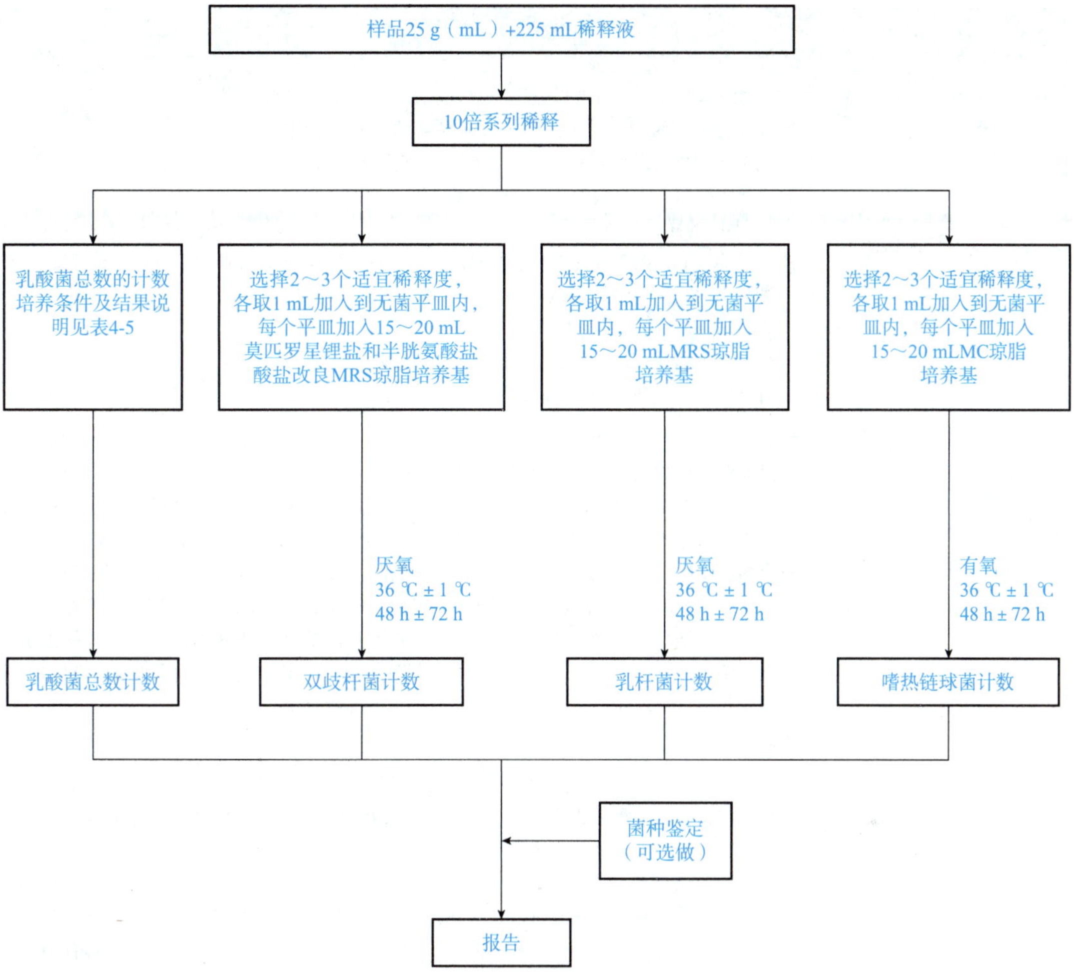

图 4-4 乳酸菌检验程序

序号	实施步骤	实施内容	操作要点
1	样品处理	1. 固体和半固体食品：以无菌操作称取 25 g 样品，置于装有 225 mL 稀释液的无菌均质杯内，于 8 000～10 000 r/min 均质 1～2 min，配制成 1∶10 样品匀液；或置于 225 mL 稀释液的无菌均质袋中，用拍击式均质器拍打 1～2 min 制成 1∶10 的样品匀液。 2. 液体样品：液体样品应先将其充分摇匀后，以无菌吸管吸取样品 25 mL 放入装有 225 mL 稀释液的无菌锥形瓶（瓶内预置适当数量的无菌玻璃珠）或均质袋中，充分振摇或拍击式均质器拍打 1～2 min，配制成 1∶10 的样品匀液。 3. 经特殊技术（如包埋技术）处理的含乳酸菌食品样品应在相应技术/工艺要求下进行有效前处理	1. 样品的全部制备过程均应遵循无菌操作程序。 2. 稀释液在试验前应在 36 ℃±1 ℃条件下充分预热 15～30 min。 3. 冷冻样品可先使其在 2～5 ℃条件下解冻，时间不超过 18 h，也可在温度不超过 45 ℃的条件解冻，时间不超过 15 min

续表

序号	实施步骤	实施内容	操作要点
2	样品稀释	1. 用1 mL无菌吸管或微量移液器吸取1∶10样品匀液1 mL，沿管壁缓慢注于装有9 mL稀释液的无菌试管中(注意吸管尖端或微量移液器尖端不要触及稀释液)，振摇试管或换用1支无菌吸管反复吹打使其混合均匀，配制成1∶100的样品匀液。 2. 另取1 mL无菌吸管或微量移液器吸头，按上述操作顺序做10倍递增样品匀液，每递增稀释一次，即换用1次1 mL灭菌吸管或吸头。 3. 经特殊技术(如包埋技术)处理的含乳酸菌食品应按照相应技术/工艺要求进行稀释	注意不同样品间器具分开使用，避免交叉污染
3	双歧杆菌计数	根据对待检样品双歧杆菌含量的估计，选择2～3个连续的适宜稀释度，每个稀释度吸取1 mL样品匀液于灭菌平皿内，每个稀释度做两个平皿。稀释液移入平皿后，将冷却至48～50 ℃的莫匹罗星锂盐和半胱氨酸盐酸盐改良MRS培养基倾注入平皿15～20 mL，转动平皿使混合均匀。培养基凝固后倒置于36 ℃±1 ℃厌氧培养，根据双歧杆菌生长特性，一般选择培养48 h，若菌落无生长或生长较小可选择培养至72 h，培养后计数平板上的所有菌落数	1. 从样品稀释到平板倾注要求在15 min内完成，样品较多时应统筹安排。 2. 厌氧培养时应在厌氧培养系统中放入厌氧指示剂，以确保厌氧环境良好
4	嗜热链球菌计数	根据待检样品嗜热链球菌活菌数的估计，选择2～3个连续的适宜稀释度，每个稀释度吸取1 mL样品匀液于灭菌平皿内，每个稀释度做两个平皿。稀释液移入平皿后，将冷却至48～50 ℃的MC培养基倾注入平皿约15～20 mL，转动平皿使混合均匀。培养基凝固后倒置于36 ℃±1 ℃有氧培养，根据嗜热链球菌生长特性，一般选择培养48 h，若菌落无生长或生长较小可选择培养至72 h，培养后计数	1. 嗜热链球菌在MC琼脂平板上的菌落特征为：菌落中等偏小，边缘整齐光滑的红色菌落，直径(2±1) mm，菌落背面为粉红色。 2. 从样品稀释到平板倾注要求在15 min内完成
5	乳杆菌计数	根据待检样品活菌总数的估计，选择2～3个连续的适宜稀释度，每个稀释度吸取1 mL样品匀液于灭菌平皿内，每个稀释度做两个平皿。稀释液移入平皿后，将冷却至48～50 ℃的MRS琼脂培养基倾注入平皿15～20 mL，转动平皿使混合均匀。培养基凝固后倒置于36 ℃±1 ℃厌氧培养，根据乳杆菌生长特性，一般选择培养48 h，若菌落无生长或生长较小可选择培养至72 h，培养后计数	1. 平皿摇匀时力度要均匀合适，避免用力过大使培养基粘到平皿盖上。 2. 从样品稀释到平板倾注要求在15 min内完成
6	乳酸菌总数计数	按照表4-5选择培养条件进行乳酸菌总数计数	认真区分样品中乳酸菌含有情况，严格按要求操作

续表

序号	实施步骤	实施内容	操作要点
7	菌落计数	1. 选取菌落数在 30～300 CFU、无蔓延菌落生长的平板计数菌落总数。低于 30 CFU 的平板记录具体菌落数，大于 300 CFU 的可记录为多不可计。每个稀释度的菌落数应采用两个平板的平均数。 2. 其中一个平板有较大片状菌落生长时，则不宜采用，而应以无片状菌落生长的平板作为该稀释度的菌落数；若片状菌落不到平板的一半，而其余一半中菌落分布又很均匀，即可计算半个平板后乘以 2 代表一个平板菌落数。 3. 当平板上出现菌落间无明显界线的链状生长时，则将每条单链作为一个菌落计数	可用肉眼观察，必要时用放大镜或菌落计数器，记录稀释倍数和相应的菌落数量。菌落计数以菌落形成单位 CFU 表示
8	结果计算	根据菌落计数情况按照表 4-6 进行计算	仔细甄别菌落的各种情况，按要求计算
9	结果报告	1. 菌落数小于 100 CFU 时，按“四舍五入”原则修约，以整数报告。 2. 菌落数大于或等于 100 CFU 时。第 3 位数字采用“四舍五入”原则修约后。取前 2 位数字，后面用 0 代替位数；也可用 10 的指数形式来表示，按“四舍五入”原则修约后，采用两位有效数字。 3. 称重取样以 CFU/g 为单位报告，体积取样以 CFU/mL 为单位报告	严格按要求对计算结果进行修约和有效数字的保留
10	清理实验台	试验完毕，清洗试验用品，清理实验台，将试剂送回存放处	沾菌的器具应灭菌后再清洗干净

表 4-5 乳酸菌总数计数培养条件的选择及结果说明

样品中所包括乳酸菌菌属	培养条件选择及结果说明
仅包括双歧杆菌属	按照《食品安全国家标准 食品微生物学检验 双歧杆菌检验》(GB 4789.34—2016)的规定执行
仅包括乳杆菌属	按照乳杆菌计数操作，结果即乳杆菌属总数
仅包括嗜热链球菌	按照嗜热链球菌计数，结果即嗜热链球数
同时包括双歧杆菌属和乳杆菌属	1. 按照乳杆菌计数操作，结果即乳酸菌总数； 2. 如需单独计数双歧杆菌属数目，按照双歧杆菌计数操作
同时包括双歧杆菌属和嗜热链球菌	1. 按照双歧杆菌计数和嗜热链球菌计数操作，两者结果之和即乳酸菌总数； 2. 如需单独计数双歧杆菌属数目，按照双歧杆菌计数操作
同时包括乳杆菌属和嗜热链球菌	1. 按照嗜热链球菌计数和乳杆菌计数操作，两者结果之和即为乳酸菌总数； 2. 嗜热链球菌计数结果为嗜热链球菌总数； 3. 乳杆菌计数结果为乳杆菌属总数
同时包括双歧杆菌属、乳杆菌属和嗜热链球菌属	1. 按照嗜热链球菌计数和乳杆菌计数操作，两者结果之和即乳酸菌总数； 2. 如需单独计数双歧杆菌属数目，按照双歧杆菌计数操作

表 4-6　乳酸菌计数的结果计算

序号	计数情况	结果计算
1	只有一个稀释度平板上的菌落数在适宜计数范围内	计算同一稀释度的两个平板菌落数平均值，再将平均值乘以相应稀释倍数，作为每克或每毫升中菌落总数结果
2	有两个连续稀释度的平板菌落数在适宜计数范围内	按公式计算： $N=\frac{\sum C}{(n_1+0.1n_2)d}$ 式中　N——样品中菌落数； C——平板(含适宜范围菌落数的平板)菌落数之和； n_1——第一稀释度(低稀释倍数)平板个数； n_2——第二稀释度(高稀释倍数)平板个数； d——稀释因子(第一稀释度)
3	所有稀释度的平板上菌落数均大于 300 CFU	对稀释度最高的平板进行计数，其他平板可记录为多不可计，结果按平均菌落数乘以最高稀释倍数计算
4	所有稀释度的平板菌落数均小于 30 CFU	应按稀释度最低的平均菌落数乘以稀释倍数计算
5	所有稀释度(包括液体样品原液)平板均无菌落生长	以小于 1 乘以最低稀释倍数计算
6	所有稀释度的平板菌落数均不在 30～300 CFU，其中一部分小于 30 CFU 或大于 300 CFU	以最接近 30 CFU 或 300 CFU 的平均菌落数乘以稀释倍数计

安全贴士

1. 检验使用的仪器需定期检定与校准，每次使用完填写使用记录。

2. 用酒精棉球擦拭完双手，应待酒精完全干透以后再在酒精灯附近开始操作，否则容易造成烧伤。

3. 操作台板不干净时，可先用酒精擦拭干净，再用湿的洁净毛巾擦净，超净台开微风吹干。

实施报告

乳酸菌计数实施报告

<table>
<tr><td>检验项目</td><td colspan="3"></td><td colspan="2">检验日期</td><td colspan="3"></td></tr>
<tr><td>检验样品</td><td colspan="3"></td><td colspan="2">检验依据</td><td colspan="3"></td></tr>
<tr><td>培养基</td><td colspan="2"></td><td colspan="2"></td><td colspan="2"></td><td colspan="2"></td></tr>
<tr><td>稀释浓度</td><td colspan="2"></td><td colspan="2"></td><td colspan="2"></td><td colspan="2">空白</td></tr>
<tr><td>双歧杆菌计数</td><td></td><td></td><td></td><td></td><td></td><td></td><td></td><td></td></tr>
<tr><td>嗜热链球菌计数</td><td></td><td></td><td></td><td></td><td></td><td></td><td></td><td></td></tr>
</table>

续表

乳杆菌计数								
乳酸菌总数								
菌落计数								
结果报告								
操作要点：								
遇到问题及解决方法：								
产品国家标准要求								
结论								
检验员： 复核人：				日期： 日期：				

任务评价

内容	评分标准	分值	得分
试验准备	工作服穿戴整齐	2	
	试验试剂耗材准备齐全	3	
超净工作台的灭菌	灭菌时间设置准确，灭菌效果良好	5	
样品处理	根据样品性状特点进行处理，使用拍击式均质器进行混合均匀，准确制备出 1∶10 的样品匀液	7	
10 倍系列稀释	稀释操作准确，样品稀释浓度适宜，每递增稀释 1 次，换用一次新的无菌吸管或吸头	6	
双歧杆菌计数	稀释度选择合适，培养基温度适宜，平板完成倾注后，混合均匀，厌氧培养，做空白对照	8	
嗜热链球菌计数	稀释度选择合适，培养基温度适宜，平板完成倾注后，混合均匀，需氧培养，做空白对照	8	
乳杆菌计数	稀释度选择合适，培养基温度适宜，平板完成倾注后，混合均匀，厌氧培养，做空白对照	8	
乳酸菌总数计数	能够按照样品中不同的含菌情况准确进行操作	8	

续表

内容	评分标准	分值	得分
菌落计数	能正确区分典型乳酸菌的菌落特征，选择适合计数的平板进行计数，计数准确	8	
结果计算	根据计数情况选择适宜的计算方法计算结果	6	
结果报告	结果修约与有效数字保留准确	6	
实施报告	报告填写认真、字迹清晰	3	
	各项目填写准确	7	
清洁整理	使用过的菌种进行灭菌后处理，清洁并整理实验台	5	
综合素养	能够根据检验结果判断产品是否符合标准，树立产品质量意识	10	
得分合计			

乳酸菌

一、乳酸菌概述

乳酸菌是一类可发酵糖、主要产生大量乳酸的细菌的通称，包括乳杆菌属、双歧杆菌属和链球菌属。乳酸菌从形态上主要可分为球状和杆状两大类。乳酸菌分布广泛，通常存在于肉、乳和蔬菜等食品及其制品中。此外，乳酸菌也广泛存在于畜、禽肠道及少数临床样品中，其中，在人类和其他哺乳动物的口腔、肠道等环境中的乳酸菌，是构成特定区域正常微生物菌群的重要成员。

乳酸菌可以提高食品的营养价值，改善食品风味，提高食品保藏性能和附加值，在发酵工业、食品加工、畜禽牧业、农业和医药等领域具有很高的应用价值。很多乳酸菌对人畜的健康起着有益的作用，但个别菌种也能对人畜致病。乳酸菌通过发酵产生的有机酸、特殊酶系等物质具有特殊生理功能。大量研究资料表明，乳酸菌能促进动物生长，调节胃肠道正常菌群、维持微生态平衡，从而改善胃肠道功能、提高食物消化率和生物效价、降低血清胆固醇、控制内毒素、抑制肠道内腐败菌生长、提高机体免疫力等。

二、乳酸菌检验测定的意义

乳酸菌是一种复杂的生命体，是食品生产和加工的一种特殊原料，也是食品安全的重要内容。以乳酸菌为代表的有益菌是人体必不可少的且具有重要生理功能的细菌，它们数量的多少与人的健康和长寿相关，而广谱和强力抗生素的广泛应用使人体肠道内以乳酸菌

为主的有益菌遭受严重破坏，抵抗力逐渐下降，导致疾病增多。饮用酸乳是人类增加乳酸菌的重要途径之一，检测乳制品中乳酸菌含量的高低是评价产品对于人类营养与健康作用的重要标志。

三、乳酸菌计数的质量控制

在乳酸菌计数过程中，每批样品稀释液都要做空白对照，如果空白对照平板上出现菌落时，应废弃本次实验结果，并对稀释液、吸管、平皿、培养基、实验环境等进行污染来源分析。每两个月将所使用的培养基和生化试剂，用《食品安全国家标准 食品微生物学检验 培养基和试剂的质量需求》(GB 4789.28—2024)推荐的阳性和阴性对照标准菌种进行验证，并进行记录。计数过程中从样品稀释至培养基倾注要求在 15 min 之内完成，并且待培养基凝固后应立即进行培养，厌氧培养时应确保厌氧环境良好。鉴于微量移液器移液头较短，为控制污染在移液过程中不建议使用。

能力进阶

依据农产品食品检验员职业技能等级证书中微生物基础检验的技能要求，乳酸菌计数应巩固以下问题：

知识题：1. 乳酸菌测定的意义是什么？

2. 含有果粒的酸奶测定乳酸菌总数时应如何进行前处理？

3. 进行双歧杆菌计数时，分析平皿中未有菌落生长的原因。

4. 乳酸菌计数时有哪些注意事项？

技能题：任选一种含乳酸菌的样品设计方案对乳酸菌总数进行计数。

任务六　金黄色葡萄球菌检验

任务描述

按照检验机构要求，对市场上抽检的乳制品进行微生物指标检验，作为检验人员，请完成样品的金黄色葡萄球菌检验。

任务目标

1. 了解金黄色葡萄球菌的生理生化特性及卫生学意义。
2. 能够按照国家标准要求熟练进行金黄色葡萄球菌检验。
3. 强化食品安全意识，培养精益求精、创新实践的职业精神。

任务准备

1. 知识准备：金黄色葡萄球菌相关知识。

2. 国家标准准备：《食品安全国家标准 食品微生物学检验 金黄色葡萄球菌检验》(GB 4789.10—2016)。

3. 材料准备：微生物实验室常规灭菌及培养设备、恒温培养箱(36 ℃±1 ℃)、冰箱(2～5 ℃)、恒温水浴箱(36～56 ℃)、均质器、振荡器、天平(感量 0.1 g)、无菌吸管[1 mL(具 0.01 mL 刻度)、10 mL(具 0.1 mL 刻度)或微量移液器及吸头]、无菌锥形瓶(500 mL、100 mL)、无菌培养皿(直径为 90 mm)、涂布棒、pH 计(或 pH 比色管或精密 pH 试纸)。

4. 培养基及试剂准备：7.5%氯化钠肉汤、血琼脂平板、Baird-Parker 琼脂平板、脑心浸出液肉汤(BHI)、兔血浆、磷酸盐缓冲液、营养琼脂小斜面、革兰染色液、无菌生理盐水。

序号	培养基或试剂	配制
1	7.5%氯化钠肉汤	蛋白胨 10.0 g、牛肉膏 5.0 g、氯化钠 75 g、蒸馏水 1 L； 调节 pH 值至 7.4±0.2，分装，每瓶 225 mL，121 ℃高压灭菌 15 min。
2	血琼脂平板	豆粉琼脂(pH=7.5±0.2)100 mL、脱纤维羊血(或兔血)5～10 mL； 加热溶化琼脂，冷却至 50 ℃，以无菌操作加入脱纤维羊血，摇匀，倾注平板
3	Baird-Parker 琼脂平板	胰蛋白胨 10.0 g、牛肉膏 5.0 g、酵母膏 1.0 g、丙酮酸钠 10.0 g、甘氨酸 12.0 g、氯化锂($LiCl \cdot 6H_2O$)5.0 g、琼脂 20.0 g、蒸馏水 950 mL； 1. 增菌剂的配法：30%卵黄盐水 50 mL 与通过 0.22 μm 孔径滤膜进行过滤除菌的 1%亚碲酸钾溶液 10 mL 混合，保存于冰箱内。 2. 将各成分加入蒸馏水，加热煮沸至完全溶解，调节 pH 值至 7.0±0.2。分装每瓶 95 mL，121 ℃高压灭菌 15 min。临用时加热溶化琼脂，冷至 50 ℃，每 95 mL 加入预热至 50 ℃的卵黄亚碲酸钾增菌剂 5 mL 摇匀后倾注平板。培养基应是致密不透明的，使用前在冰箱储存不得超过 48 h
4	脑心浸出液肉汤(BHI)	胰蛋白质胨 10.0 g、氯化钠(NaCl)5.0 g、磷酸氢二钠(Na_2HPO_4)$12H_2O$ 2.5 g、葡萄糖 2.0 g、牛心浸出液 500 mL； 调节 pH 值至 7.4±0.2，分装 16 mm×160 mm 试管，每管 5 mL，121 ℃灭菌 15 min
5	兔血浆	1. 3.8%柠檬酸钠溶液：取柠檬酸钠 3.8 g，加蒸馏水 100 mL，溶解后过滤，装瓶，121 ℃高压灭菌 15 min。 2. 兔血浆制备：取 3.8%柠檬酸钠溶液一份，加兔全血 4 份，混好静置(或以 3 000 r/min 离心 30 min)，使血液细胞下降，即可得血浆
6	磷酸盐缓冲液	1. 贮存液：称取 34.0 g 的磷酸二氢钾溶于 500 mL 蒸馏水中，用大约 175 mL 的 1 mol/L 氢氧化钠溶液调节 pH 值至 7.2，用蒸馏水稀释至 1 000 mL 后贮存于冰箱。 2. 稀释液：取贮存液 1.25 mL，用蒸馏水稀释至 1 000 mL，分装于适宜容器中，121 ℃高压灭菌 15 min

续表

序号	培养基或试剂	配制
7	营养琼脂小斜面	蛋白胨 10.0 g、牛肉膏 3.0 g、氯化钠 5.0 g、琼脂 15.0～20.0 g、蒸馏水 1 L； 将除琼脂以外的各成分溶解于蒸馏水，加入 15%氢氧化钠溶液约 2 mL 调节 pH 值至 7.3±0.2。加入琼脂，加热煮沸，使琼脂溶化，分装 13 mm×130 mm 试管，121 ℃高压灭菌 15 min
8	革兰染色液	1. 结晶紫染色液：将 1.0 g 结晶紫完全溶解于 20.0 mL 95%乙醇中，然后与 80.0 mL 1%草酸铵溶液混合。 2. 革兰碘液：将 1.0 g 碘与 2.0 g 碘化钾先行混合，加入蒸馏水少许充分振摇，待完全溶解后，再加蒸馏水至 300 mL。 3. 沙黄复染液：将 0.25 g 沙黄溶解于 10.0 mL 95%乙醇中，然后用 90.0 mL 蒸馏水稀释
9	无菌生理盐水	氯化钠 8.5 g、蒸馏水 1 L； 121 ℃高压灭菌 15 min

任务实施

《食品安全国家标准 食品微生物学检验 金黄色葡萄球菌检验》(GB 4789.10—2016)中规定了金黄色葡萄球菌的三种检验方法：第一种是定性检验；第二种是平板计数法；第三种是 MPN 计数法。本任务要求按国家标准规定的第一种方法进行金黄色葡萄球菌定性检验。检验程序如图 4-5 所示。

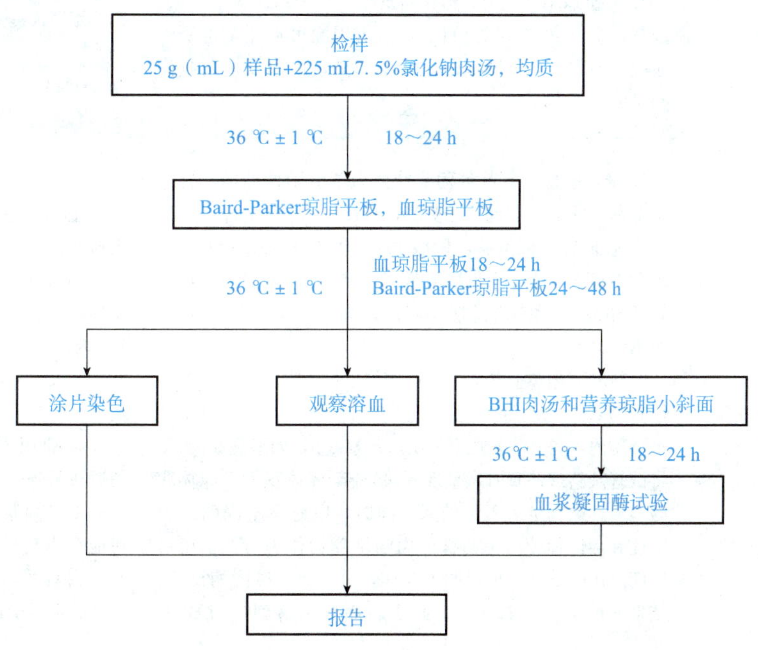

图 4-5　金黄色葡萄球菌定性检验程序

序号	实施步骤	实施内容	操作要点
1	样品处理	1. 称取 25 g 样品至盛有 225 mL7.5%氯化钠肉汤的无菌均质杯内，8 000～10 000 r/min 均质 1～2 min，或放入盛有 225 mL7.5%氯化钠肉汤无菌均质袋中，用拍击式均质器拍打 1～2 min。 2. 若样品为液态，吸取 25 mL 样品至盛有 225 mL 7.5%氯化钠肉汤的无菌锥形瓶(瓶内可预置适当数量的无菌玻璃珠)中，振荡混合均匀	样品的全部制备过程均应遵循无菌操作程序
2	增菌	将上述样品匀液于 36 ℃±1 ℃培养 18～24 h。金黄色葡萄球菌在 7.5%氯化钠肉汤中呈混浊生长	进行增菌培养时，应使用带有底托的均质袋架子，防止培养过程中增菌液泄漏污染培养箱
3	分离	将增菌后的培养物，分别划线接种到 Baird-Parker 琼脂平板和血琼脂平板，血琼脂平板 36 ℃±1 ℃培养 18～24 h，Baird-Parker 琼脂平板 36 ℃±1 ℃培养 24～48 h	划线接种时严格无菌操作，注意不要划伤培养基表面
4	初步鉴定	1. 金黄色葡萄球菌在 Baird-Parker 琼脂平板上呈圆形，表面光滑、凸起、湿润、菌落直径为 2～3 mm，颜色呈灰黑色至黑色，有光泽，常有浅色(非白色)的边缘，周围绕以不透明圈(沉淀)，其外常有一清晰带。当用接种针触及菌落时具有黄油样黏稠感。有时可见到不分解脂肪的菌株，除没有不透明圈和清晰带外，其他外观基本相同。 2. 在血琼脂平板上，形成菌落较大，圆形、光滑凸起、湿润、金黄色(有时为白色)，菌落周围可见完全透明溶血圈。挑取上述可疑菌落进行革兰染色镜检及血浆凝固酶试验	长期贮存的冷冻或脱水食品中分离的菌落，在 Baird-Parker 琼脂平板上其黑色常较典型菌落浅些，且外观可能较粗糙，质地较干燥。形态鉴定时需注意
5	确证鉴定	1. 染色镜检：金黄色葡萄球菌为革兰阳性球菌，排列呈葡萄球状，无芽孢、无荚膜，直径为 0.5～1 μm。 2. 血浆凝固酶试验：挑取 Baird-Parker 琼脂平板或血琼脂平板上至少 5 个可疑菌落(小于 5 个全选)，分别接种到 5 mL BHI 和营养琼脂小斜面，36 ℃±1 ℃培养 18～24 h。 取新鲜配制兔血浆 0.5 mL，放入小试管，再加入 BHI 培养物 0.2～0.3 mL，振荡摇匀，置 36 ℃±1 ℃温箱或水浴箱内，每 0.5 h 观察一次，观察 6 h，如呈现凝固(即将试管倾斜或倒置时，呈现凝块)或凝固体积大于原体积的一半，被判定为阳性结果。同时，以血浆凝固酶试验阳性和阴性葡萄球菌菌株的肉汤培养物作为对照。也可用商品化的试剂，按说明书操作，进行血浆凝固酶试验。结果如可疑，挑取营养琼脂小斜面的菌落到5 mLBHI，36 ℃±1 ℃培养 18～48 h，重复试验	1. 血浆凝固酶实验可选用人血浆或兔血浆。用人血浆凝固的时间短，约 93.6%的阳性菌 1 h 内凝固。用兔血浆 1 h 内凝固的阳性菌株仅达 86%，大部分菌株可在 6 h 内凝固。 2. 不要用力振摇试管，以免凝块振碎。 3. 进行血浆凝固酶实验时，可能会出现若凝集现象，需与空白对照区分，必要时重复试验加以确认

续表

序号	实施步骤	实施内容	操作要点
6	结果判定	1. 结果判定：符合初步鉴定和确证鉴定结果的可判定为金黄色葡萄球菌。 2. 结果报告：在 25 g(mL)样品中检出或未检出金黄色葡萄球菌	严格按照判定要求进行结果报告
7	清理实验台	试验完毕，清洗试验用品，清理实验台，将试剂送回存放处	沾菌的器具应灭菌后再清洗干净

安全贴士

1. 使用高压蒸汽灭菌锅灭菌时规范操作，避免触电及蒸汽烫伤。
2. 操作过程中注意尽可能降低污染风险，操作时房间的风扇应不开或只开小风。

实施报告

金黄色葡萄球菌定性检验实施报告

<table>
<tr><td>检验项目</td><td></td><td>检验日期</td><td></td></tr>
<tr><td>检验样品</td><td></td><td>检验依据</td><td></td></tr>
<tr><td rowspan="2">平板分离
初步鉴定</td><td>Baird-Parker 琼脂平板</td><td colspan="2"></td></tr>
<tr><td>血琼脂平板</td><td colspan="2"></td></tr>
<tr><td rowspan="2">确证鉴定</td><td>革兰染色</td><td colspan="2"></td></tr>
<tr><td>血浆凝固酶试验</td><td colspan="2"></td></tr>
<tr><td>结果报告</td><td colspan="3"></td></tr>
<tr><td colspan="4">操作要点：</td></tr>
<tr><td colspan="4">遇到问题及解决方法：</td></tr>
<tr><td>产品国家标准要求</td><td colspan="3"></td></tr>
<tr><td>结论</td><td colspan="3"></td></tr>
<tr><td colspan="2">检验员：
复核人：</td><td colspan="2">日期：
日期：</td></tr>
</table>

任务评价

内容	评分标准	分值	得分
试验准备	工作服穿戴整齐	2	
	试验试剂耗材准备齐全	3	
超净工作台的灭菌	灭菌时间设置准确，灭菌效果良好	5	
样品处理	根据样品性状特点进行处理，冷冻样品预先解冻，使用拍击式均质器进行混合均匀，准确制备出 1∶10 的样品匀液	10	
增菌	增菌条件设置准确，正确进行增菌培养	7	
分离	选择 3 mm 的接种环，接种操作准确，分别接种 Baird-Parker 琼脂平板和血琼脂平板	15	
初步鉴定	根据各平板上的典型特征准确判断金黄色葡萄球菌的可疑菌落	15	
确证鉴定	准确进行革兰染色，并正确判断染色结果； 正确进行血浆凝固酶试验，并准确判定是否为阳性	10	
结果判定	根据初步鉴定和确证鉴定进行最终结果判定	8	
实施报告	报告填写认真、字迹清晰	3	
	各项目填写准确	7	
清洁整理	使用过的菌种进行灭菌后处理，清洁并整理实验台	5	
综合素养	具备食品安全意识和精益求精、创新实践的职业精神	10	
得分合计			

知识链接 金黄色葡萄球菌

一、金黄色葡萄球菌概述

金黄色葡萄球菌是葡萄球菌中最常见的菌种，菌体呈球形，排列成葡萄串状，无鞭毛、无芽孢，多数无荚膜。金黄色葡萄球菌对营养要求不高，在普通培养基上生长良好，需氧或兼性厌氧，最适生长温度为 37 ℃，最适生长 pH 值是 7.4。平板上形成的菌落较厚，有光泽，圆形凸起；在血琼脂平板上菌落周围常形成透明的溶血环。其可分解葡萄糖、麦芽糖、乳糖、蔗糖，产酸，不产气，甲基红反应阳性。在 10%～15%NaCl 溶液中可很好生长，纯培养可抵抗 1%酚溶液 15 min，浓度增至 2%才能将其杀死。许多菌株可分解精氨酸、水解尿素、还原硝酸盐、液化明胶。其具有较强的抵抗力，对磺胺类药物敏

感性低，但对青霉素、红霉素等高度敏感。

金黄色葡萄球菌在自然界分布广泛，在土壤、空气、水及生活常用物品上，特别是在人和动物的皮肤、鼻子、喉咙及手等部位大量存在。金黄色葡萄球菌是常见的引起食物中毒的致病菌。它的致病性与其产生的毒素和酶有关，中毒的主要症状为恶心、反复呕吐，呕吐物初期为食物，继而为水样物。腹泻为稀便或水样便。中上腹部疼痛，伴有头晕、头痛、腹泻、发冷，体温一般正常或低热。病情重时，剧烈呕吐和腹泻可致肌肉痉挛，进而引起大量失水而发生外周循环衰竭和虚脱。儿童对肠毒素比成人敏感，故发病率比较高，病情较严重；体质虚弱的老年人和慢性病患者病情相对较重。病情一般较短，一般两天内可恢复，预后良好。

金黄色葡萄球菌污染食品的主要途径：患有化脓性皮肤病或上呼吸道感染和口腔、鼻咽炎症等的病人，以及带有化脓性感染的动物通过某种途径污染食品；畜禽本身带有葡萄球菌，在屠宰的过程中可能会对肉尸造成污染；食品加工人员、炊事员或销售人员带菌。在适宜的条件下，细菌大量繁殖产生毒素，引起中毒的食品主要为肉、奶、鱼、蛋及其制品等动物性食品，吃剩的米饭、米酒、奶和奶制品、油煎鸡蛋、熏鱼等含油脂比较高的食物。因夏秋季节温度较高，所以中毒的概率比较高，但在冬季，受污染的食品在温度较高的室内保存，也可能造成细菌大量繁殖并产生毒素。

防止金黄色葡萄球菌污染可以采取以下措施：

(1)防止带菌人群对食品的污染，定期对食品生产人员和饮食从业人员进行健康检查。食品加工用具使用后，要严格消毒。

(2)定期检查奶牛的乳房，患有乳房炎的乳不能使用。健康奶牛的奶挤出以后要迅速冷却到 10 ℃以下，抑制细菌繁殖和生成肠毒素。肉制品加工厂要将患局部化脓感染的畜禽尸体去除病变部位，经高温处理后再进行加工。

(3)防止毒素的生成，应在低温和通风良好的条件下储存原料、半成品和成品，以防止肠毒素的形成。在气温较高的季节，食物应冷藏或放在通风的地方不超过 6 h，而且食用前要彻底加热。

素养提升

请扫描二维码学习：专业权威——南开大学微生物学研究成果写入国际教科书

二、金黄色葡萄球菌检验的测定意义

金黄色葡萄球菌是人类化脓感染中最常见的病原菌，可引起局部化脓感染、肺炎、伪膜性肠炎、心包炎等，甚至败血症、脓毒症等全身感染。金黄色葡萄球菌能产生数种引起急性肠胃炎的蛋白质性肠毒素，肠毒素 100 ℃煮沸 30 min 而不被破坏。此外，金黄色葡萄球菌还能产生溶表皮素、明胶酶、蛋白酶、脂肪酶、肽酶等。因此，对食品进行金黄色葡萄球菌的检验尤为重要。通过对食品中金黄色葡萄球菌的检验，可以衡量食品质量是否达标，判定食品加工环境及食品卫生环境是否符合标准，能够对致病菌污染食品的程度做出正确的评价，为各项卫生管理工作提供科学依据。

三、金黄色葡萄球菌检验的质量控制

金黄色葡萄球菌检验过程中所使用的试验耗材(如培养基、稀释液、平皿、吸管等)必须是完全灭菌的，如重复使用的耗材应彻底洗涤干净，不得残留抑菌物质。移液时可使用可连接吸管的电动移液器，在使用过程中，一旦液体进入电动移液器滤膜，应立即对滤膜进行更换，防止交叉污染。微量移液器移液头较短，为控制污染，在移液过程中不建议使用。Baird-Parker 琼脂平板应尽量现用现配，在 4 ℃冰箱中存放，不要超过 48 h。如果在培养 24 h 后，Baird-Parker 琼脂平板上未见金黄色葡萄球菌可疑菌落，应再培养 24 h；如果仍没有可疑菌落，应挑取非典型菌落进行鉴定。金黄色葡萄球菌在血琼脂平板上的大部分菌落为金黄色，但有时为白色，形态鉴定时需要格外注意。

能力进阶

依据 1+X 粮农食品安全评价职业技能等级证书中微生物检测安全评价的技能要求，金黄色葡萄球菌检验应巩固以下问题：

知识题：1. 金黄色葡萄球菌检验的卫生学意义是什么？
2. 如何判定血浆凝固酶试验为阳性？
3. 如何预防金黄色葡萄球菌的污染？
4. 如果在增菌结束后，肉汤中未见微生物生长，是否可以停止试验？为什么？

技能题：任选一种粮食制品，设计方案，对其金黄色葡萄球菌进行检验。

任务七　副溶血性弧菌检验

任务描述

按照检验机构要求，对市场上抽检的水产调味品进行微生物指标检验，作为检验人

员，请完成样品的副溶血性弧菌检验。

任务目标

1. 熟悉副溶血性弧菌的生理生化特性及卫生学意义。

2. 能够按国家标准要求进行副溶血性弧菌检验。

3. 强化无菌操作，提升实践动手能力，树立食品安全意识。

任务准备

1. 知识准备：副溶血性弧菌相关知识。

2. 国家标准准备：《食品安全国家标准 食品微生物学检验 副溶血性弧菌检验》(GB 4789.7—2013)。

3. 材料准备：微生物实验室常规灭菌及培养设备、恒温培养箱(36 ℃±1 ℃)、冰箱(2～5 ℃、7～10 ℃)、恒温水浴箱(36 ℃±1 ℃)、均质器或无菌乳钵、天平(感量0.1 g)、无菌试管(18 mm×180 mm、15 mm×100 mm)、无菌吸管[1 mL(具0.01 mL刻度)、10 mL(具0.1 mL刻度)或微量移液器及吸头]、无菌锥形瓶(250 mL、500 mL、100 mL)、无菌培养皿(直径为90 mm)、全自动微生物生化鉴定系统、无菌手术剪、镊子。

4. 培养基及试剂准备：3%氯化钠碱性蛋白胨水、硫代硫酸盐-柠檬酸盐-胆盐-蔗糖(TCBS)琼脂、3%氯化钠胰蛋白胨大豆琼脂、3%氯化钠三糖铁琼脂、嗜盐性试验培养基、3%氯化钠甘露醇试验培养基、3%氯化钠赖氨酸脱羧酶试验培养基、3%氯化钠MR-VP培养基、3%氯化钠溶液、氧化酶试剂、革兰染色液、邻硝基酚-β-D-半乳糖苷(ONPG)试剂、Voges-Proskauer(V-P)试剂、弧菌显色培养基。

序号	培养基或试剂	配制
1	3%氯化钠碱性蛋白胨水	蛋白胨10.0 g、氯化钠30.0 g、蒸馏水1 L； pH值为8.5±0.2，121 ℃高压灭菌10 min
2	硫代硫酸盐-柠檬酸盐-胆盐-蔗糖(TCBS)琼脂	蛋白胨10.0 g、酵母浸膏5.0 g、柠檬酸钠($C_6H_5O_7Na_3 \cdot 2H_2O$)10.0 g、硫代硫酸钠($Na_2S_2O_3 \cdot 5H_2O$)10.0 g、氯化钠10.0 g、牛胆汁粉5.0 g、柠檬酸铁1.0 g、胆酸钠3.0 g、蔗糖20.0 g、溴麝香草酚蓝0.04 g、麝香草酚蓝0.04 g、琼脂15.0 g、蒸馏水1 L； 将上述成分溶于蒸馏水中，校正pH值至8.6±0.2，加热煮沸至完全溶解，冷至50 ℃左右倾注平板备用
3	3%氯化钠胰蛋白胨大豆琼脂	胰蛋白胨15.0 g、大豆蛋白胨5.0 g、氯化钠30.0 g、琼脂15.0 g、蒸馏水1 L； 将上述成分溶于蒸馏水中，校正pH值至7.3±0.2，121 ℃高压灭菌15 min

续表

序号	培养基或试剂	配制
4	3%氯化钠三糖铁琼脂	蛋白胨 15.0 g、脲蛋白胨 5.0 g、牛肉膏 3.0 g、酵母浸膏 3.0 g、氯化钠 30.0 g、乳糖 10.0 g、蔗糖 10.0 g、葡萄糖 1.0 g、硫酸亚铁($FeSO_4$)0.2 g、苯酚红 0.024 g、硫代硫酸钠($Na_2S_2O_3$)0.3 g、琼脂 12.0 g、蒸馏水 1 L； 将上述成分溶于蒸馏水中，校正 pH 值至 7.4±0.2，分装到适当容量的试管中，121 ℃高压灭菌 15 min。制成高层斜面，斜面长为 4～5 cm，高层深度为 2～3 cm
5	嗜盐性试验培养基	胰蛋白胨 10.0 g、氯化钠按不同量加入、蒸馏水 1 L； 将上述成分溶于蒸馏水中，校正 pH 值至 7.2±0.2，共配制 5 瓶，每瓶 100 mL。每瓶分别加入不同量的氯化钠：(1)不加；(2)3 g；(3)6 g；(4)8 g；(5)10 g。分装试管，121 ℃高压灭菌 15 min
6	3%氯化钠甘露醇试验培养基	牛肉膏 5.0 g、蛋白胨 10.0 g、氯化钠 30.0 g、甘露醇 5.0 g、磷酸氢二钠($Na_2HPO_4 \cdot 12H_2O$)2.0 g、溴麝香草酚蓝 0.024 g、蒸馏水 1 L； 将上述成分溶于蒸馏水中，校正 pH 值至 7.4±0.2，分装小试管，121 ℃高压灭菌 10 min
7	3%氯化钠赖氨酸脱羧酶试验培养基	蛋白胨 5.0 g、酵母浸膏 3.0 g、葡萄糖 1.0 g、溴甲酚紫 0.02 g、L-赖氨酸 5.0 g、氯化钠 30.0 g、蒸馏水 1 L； 除赖氨酸外的成分溶于蒸馏水中，校正 pH 值至 6.8±0.2。再按 0.5%的比例加入赖氨酸，对照培养基不加赖氨酸。分装小试管，每管 0.5 mL，121 ℃高压灭菌 15 min
8	3%氯化钠 MR-VP 培养基	多胨 7.0 g、葡萄糖 5.0 g、磷酸氢二钾(K_2HPO_4)5.0 g、氯化钠 30.0 g、蒸馏水 1 L； 将上述成分溶于蒸馏水中，校正 pH 值至 6.9±0.2，分装试管，121 ℃高压灭菌 15 min
9	3%氯化钠溶液	氯化钠 30.0 g、蒸馏水 1 L； 将氯化钠溶于蒸馏水中，校正 pH 值至 7.2±0.2，121 ℃高压灭菌 15 min
10	氧化酶试剂	N，N，N′，N′—四甲基对苯二胺盐酸盐 1.0 g、蒸馏水 100.0 mL；2～5 ℃冰箱内避光保存，在 7 d 之内使用
11	革兰染色液	1. 结晶紫染色液：将 1.0 g 结晶紫完全溶解于 20.0 mL 95%乙醇中，然后与 80.0 mL 1%草酸铵溶液混合。 2. 革兰碘液：将 1.0 g 碘与 2.0 g 碘化钾先行混合，加入蒸馏水少许充分振摇，待完全溶解后，再加蒸馏水至 300 mL。 3. 沙黄复染液：将 0.25 g 沙黄溶解于 10.0 mL 95%乙醇中，然后用 90.0 mL 蒸馏水稀释
12	邻硝基酚-β-D-半乳糖苷(ONPG)试剂	磷酸二氢钠 6.9 g、ONPG 0.08 g、蒸馏水 75 mL； 1. 缓冲液：将 6.9 g 磷酸二氢钠溶于 50.0 mL 蒸馏水中，校正 pH 值至 7.0。缓冲液放置 2～5 ℃冰箱保存。 2. 将 0.08 g ONPG 溶解于 37 ℃的 15.0 mL 蒸馏水中，加入 5.0 mL 缓冲液。配制好的 ONPG 溶液放置 2～5 ℃冰箱保存。试验前，将所需用量的 ONPG 溶液加热至 37 ℃

续表

序号	培养基或试剂	配制
13	Voges-Proskauer(V-P)试剂	α—萘酚 5.0 g、无水乙醇 100.0 mL、氢氧化钾 40.0 g、蒸馏水 100.0 mL； 1. 甲液：5.0 g α—萘酚溶于 100.0 mL 无水乙醇中。 2. 乙液：40.0 g 氢氧化钾用蒸馏水加至 100.0 mL
14	弧菌显色培养基	按使用说明使用

任务实施

微课：副溶血性弧菌检验

根据《食品安全国家标准 食品微生物学检验 副溶血性弧菌检验》(GB 4789.7—2013)规定的程序，对水产调味品进行副溶血性弧菌检验。检验程序如图 4-6 所示。

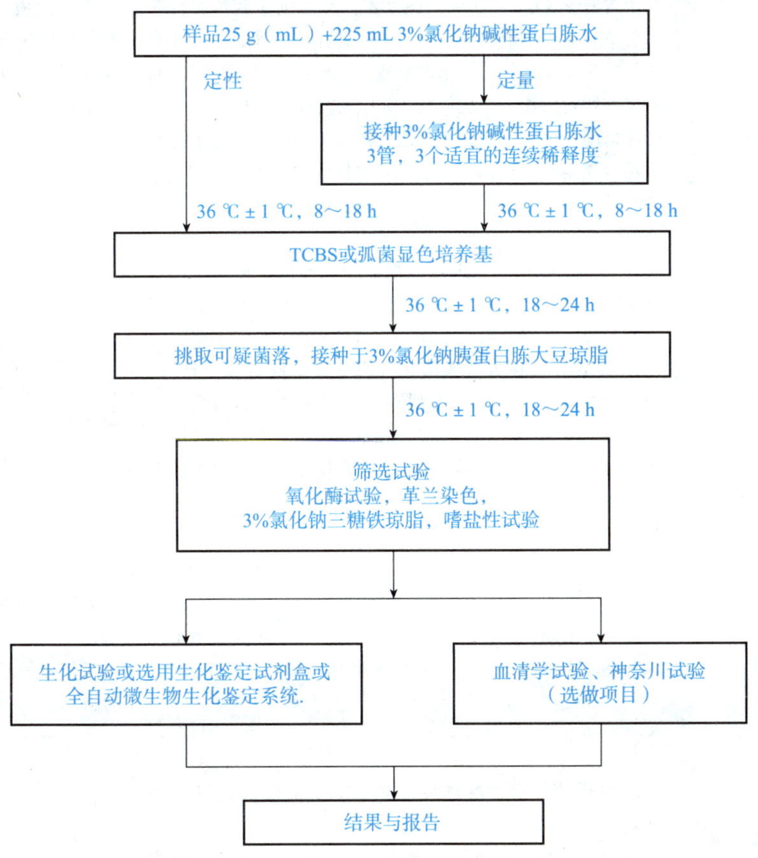

图 4-6　副溶血性弧菌检验程序

序号	实施步骤	实施内容	操作要点
1	样品处理	1. 以无菌操作取样品 25 g(mL)，加入 3%氯化钠碱性蛋白胨水 225 mL，用旋转刀片式均质器以 8 000 r/min 均质 1 min，或拍击式均质器拍击 2 min，配制成 1∶10 的样品匀液。如无均质器，则将样品放入无菌乳钵，自 225 mL 3%氯化钠碱性蛋白胨水中取少量稀释液加入无菌乳钵，样品磨碎后放入 500 mL 无菌锥形瓶，再用少量稀释液冲洗乳钵中的残留样品 1～2 次，洗液放入锥形瓶，最后将剩余稀释液全部放入锥形瓶，充分振荡，配制成 1∶10 的样品匀液。 2. 鱼类和头足类动物取表面组织、肠或鳃。贝类取全部内容物，包括贝肉和体液；甲壳类取整个动物，或者动物的中心部分，包括肠和鳃。如为带壳贝类或甲壳类，则应先在自来水中洗刷外壳并甩干表面水分，然后以无菌操作打开外壳，按上述要求取相应部分	1. 非冷冻样品采集后应立即放置 7～10 ℃冰箱保存，尽可能及早检验。 2. 冷冻样品应在 45 ℃以下不超过 15 min 或在 2～5 ℃不超过 18 h 解冻。 3. 水产品取样时应使用不透水、不外溢的样品包装
2	增菌	1. 定性检测。将制备完成的 1∶10 样品匀液于 36 ℃±1 ℃培养 8～18 h。 2. 定量检测。用无菌吸管吸取 1∶10 样品匀液 1 mL，注入含有 9 mL 3%氯化钠碱性蛋白胨水的试管内，振摇试管混合均匀，制备 1∶100 的样品匀液。另取 1 mL 无菌吸管，重复上述操作，依次制备 10 倍系列稀释样品匀液，每递增稀释一次，换用一支 1 mL 无菌吸管。根据对检样污染情况的估计，选择 3 个适宜的连续稀释度，每个稀释度接种 3 支含有 9 mL 3%氯化钠碱性蛋白胨水的试管，每管接种 1 mL。放置 36 ℃±1 ℃恒温箱内，培养 8～18 h	使用均质袋进行增菌培养时，应使用带有底托的均质袋架子，防止培养过程中增菌液泄漏，污染培养箱
3	分离	1. 对所有显示生长的增菌液，用接种环在距离液面以下 1 cm 内蘸取一环增菌液，于 TCBS 平板或弧菌显色培养基平板上划线分离。于 36 ℃±1 ℃培养 18～24 h。 2. 典型的副溶血性弧菌在 TCBS 上呈圆形、半透明、表面光滑的绿色菌落，用接种环轻触，有类似口香糖的质感，直径为 2～3 mm。从培养箱取出 TCBS 平板后，应尽快(不超过 1 h)挑取菌落或标记要挑取的菌落。典型的副溶血性弧菌在弧菌显色培养基上的特征按照产品说明进行判定	1. 分离增菌液时，要求液面以下 1 cm 内，此范围内目标菌最多，没有干扰。 2. 一支试管划线一块平板
4	纯培养	挑取 3 个或以上可疑菌落，划线接种 3%氯化钠胰蛋白胨大豆琼脂平板，36 ℃±1 ℃培养 18～24 h	划线时要在平板上多级稀释画线，不要一条线划到底，避免培养完后发现菌落没有分开
5	初步鉴定	1. 氧化酶试验：挑选纯培养的单个菌落进行氧化酶试验。 2. 涂片镜检：将可疑菌落涂片，进行革兰染色，镜检观察形态	1. 副溶血性弧菌为氧化酶阳性。 2. 副溶血性弧菌为革兰阴性，呈棒状、弧状、卵圆状等多形态，无芽孢，有鞭毛

续表

序号	实施步骤	实施内容	操作要点
5	初步鉴定	3. 挑取纯培养的单个可疑菌落，转种3%氯化钠三糖铁琼脂斜面并穿刺底层，36 ℃±1 ℃培养24 h，观察结果。 4. 嗜盐性试验：挑取纯培养的单个可疑菌落，分别接种0%、6%、8%和10%不同氯化钠浓度的胰胨水，36 ℃±1 ℃ 培养24 h，观察液体浑浊情况	3. 副溶血性弧菌在3%氯化钠三糖铁琼脂中的反应为底层变黄不变黑，无气泡，斜面颜色不变或红色加深，有动力。 4. 副溶血性弧菌在无氯化钠和10%氯化钠的胰胨水中不生长或微弱生长，在6%氯化钠和8%氯化钠的胰胨水中生长旺盛
6	确定鉴定	取纯培养物分别接种含3%氯化钠的甘露醇试验培养基、赖氨酸脱羧酶试验培养基、MR-VP培养基，36 ℃±1 ℃培养24～48 h后观察结果；3%氯化钠三糖铁琼脂隔夜培养物进行ONPG试验。可选择生化鉴定试剂盒或全自动微生物生化鉴定系统	1. 刮取3%氯化钠胰蛋白胨大豆琼脂平板上的单个菌落，用3%氯化钠溶液制备成0.5麦氏浊度适当的细胞悬浮液，使用生化鉴定试剂盒鉴定。 2. 全自动微生物生化鉴定系统，从33%氯化钠胰蛋白胨大豆琼脂平板上挑取可疑菌落，参照说明书进行鉴定
7	结果报告	根据检出的可疑菌落生化性状，报告25 g(mL)样品中检出副溶血性弧菌。如果进行定量检测，根据证实为副溶血性弧菌阳性的试管管数，查最可能数(MPN)检索表，报告每g(mL)副溶血性弧菌的MPN值。副溶血性弧菌菌落生化性状和与其他弧菌的鉴别情况分别见表4-7	严格按照表4-7的性状特点进行鉴别
8	清理实验台	试验完毕，清洗试验用品，清理实验台，将试剂送回存放处	沾菌的器具应灭菌后再清洗干净

表4-7 副溶血性弧菌的生化性状

试验项目	结果	试验项目	结果
革兰染色	阴性，无芽孢	分解葡萄糖产气	−
氧化酶	+	乳糖	−
动力	+	硫化氢	−
蔗糖	−	赖氨酸脱羧酶	+
葡萄糖	+	V-P	−
甘露醇	+	ONPG	−

注：+表示阳性；−表示阴性。

安全贴士

1. 操作时应严格无菌操作，副溶血性弧菌是致病菌，凡用过的增菌、分离、培养及鉴定的器物，均应灭菌后再清洗，防止造成微生物污染。

2. 超净工作台或生物安全柜每次使用前，用紫外照射 30 min 后，用酒精消毒台面。

实施报告

副溶血性弧菌检验实施报告

<table>
<tr><td>检验项目</td><td colspan="2"></td><td>检验日期</td><td></td></tr>
<tr><td>检验样品</td><td colspan="2"></td><td>检验依据</td><td></td></tr>
<tr><td rowspan="2">平板分离</td><td>TCBS 平板</td><td colspan="3"></td></tr>
<tr><td>显色培养基平板</td><td colspan="3"></td></tr>
<tr><td rowspan="4">初步鉴定</td><td>氧化酶试验</td><td colspan="3"></td></tr>
<tr><td>涂片镜检</td><td colspan="3"></td></tr>
<tr><td>3%氯化钠三糖铁琼脂斜面</td><td colspan="3"></td></tr>
<tr><td>嗜盐性试验</td><td colspan="3"></td></tr>
<tr><td rowspan="4">确证鉴定</td><td>甘露醇</td><td colspan="3"></td></tr>
<tr><td>赖氨酸脱羧酶</td><td colspan="3"></td></tr>
<tr><td>MR-VP</td><td colspan="3"></td></tr>
<tr><td>ONPG</td><td colspan="3"></td></tr>
<tr><td>结果报告</td><td colspan="4"></td></tr>
<tr><td colspan="5">操作要点：</td></tr>
<tr><td colspan="5">遇到问题及解决方法：</td></tr>
<tr><td>产品国家标准要求</td><td colspan="4"></td></tr>
<tr><td>结论</td><td colspan="4"></td></tr>
<tr><td colspan="3">检验员：
复核人：</td><td colspan="2">日期：
日期：</td></tr>
</table>

任务评价

内容	评分标准	分值	得分
试验准备	工作服穿戴整齐	2	
	试验试剂耗材准备齐全	3	
超净工作台的灭菌	灭菌时间设置准确，灭菌效果良好	5	
样品处理	根据样品性状特点进行处理，冷冻样品预先解冻，使用拍击式均质器进行混合均匀，准确制备出1∶10的样品匀液	10	
增菌	增菌条件设置准确，正确进行增菌培养	7	
分离	选择3 mm的接种环，在距离液面1 cm以下取菌种，接种操作准确，一支试管划线一块平板	10	
纯培养	能够区分副溶血性弧菌在TCBS上的典型菌落，培养条件准确	10	
初步鉴定	能够根据氧化酶试验、涂片镜检、3%氯化钠三糖铁琼脂试验、嗜盐性试验结果进行初步判定	10	
确证鉴定	能够根据主要性状特点进行确证鉴定	10	
结果判定	根据初步鉴定和确证鉴定进行最终结果判定	8	
实施报告	报告填写认真、字迹清晰	3	
	各项目填写准确	7	
清洁整理	使用过的菌种进行灭菌后处理，清洁并整理实验台	5	
综合素养	巩固无菌操作，提升实践动手能力，树立食品安全意识	10	
得分合计			

知识链接  副溶血性弧菌

一、副溶血性弧菌概述

副溶血性弧菌是弧菌科弧菌属，革兰阴性，兼性厌氧菌。菌体呈杆菌或稍弯的弧状，有时呈棒状、球状或球杆状等，一般两端浓染，中间较淡，甚至无色。排列一般不规则，多散在，偶有成对排列，无芽孢，具有单鞭毛，运动活泼。副溶血性弧菌嗜盐畏酸，可以发酵葡萄糖，不产气，不能利用蔗糖和乳糖，不产生硫化氢，液化明胶，能还原硝酸盐为亚硝酸盐，细胞色素氧化酶、卵磷脂酶和过氧化氢酶试验呈现阳性，赖氨酸脱缩酶和鸟氨酸脱缩酶试验呈现阳性，二精氨酸脱缩酶试验呈现阴性。最适宜培养条件为：温度30～37 ℃，含盐2.5%～3%，pH=8.0～8.5。不耐高温，50 ℃经20 min，65 ℃经5 min或80 ℃经1 min即可被杀死。对常用消毒剂抵抗力很弱，可被低浓度的酚和煤酚皂溶液杀灭。

副溶血性弧菌对营养要求不高，在普通琼脂或蛋白胨水中均可生长，需氧性很强，在厌氧的条件下生长缓慢。在肉汤和蛋白胨水等培养基中培养呈现浑浊，表面有菌膜。在固体培养基中，通常长成为圆形、隆起、稍浑浊、表面光滑湿润的菌落。但多数菌落在后续传代中，可见不正圆形、灰白色、半透明或不透明的粗糙型菌落。

副溶血性弧菌是一种广泛分布于近岸海水、海底沉积物和海产品中的嗜盐性细菌，也是引起我国特别是沿海地区细菌性食物中毒危害的首要食源性致病菌。食物的种类主要是海产品，其中以墨鱼、带鱼、虾、蟹最为多见，其次为盐渍食品，如咸菜、腌肉等。食品中副溶血性弧菌主要来自沿海地区饮食从业人员的带菌者，被污染的炊具未经彻底消毒又用来加工制作食品，食物食用前加热不彻底或者生吃等。在日常生活中，动物性食品应煮熟煮透再吃，不吃生的或未煮熟的海产品。储藏的各种食物食用前应充分加热，防止生熟食物操作时产生交叉污染。

二、副溶血性弧菌检验的测定意义

副溶血性弧菌是沿海国家和地区食物中毒的主要致病菌。在海产品加工、储存和运输过程中，如果操作不当，可能导致副溶血性弧菌的污染和繁殖，从而对人体健康产生威胁。食用了被副溶血性弧菌污染的食物可能导致急性肠胃炎、反应性关节炎等，有时甚至会引发原发性败血症。通过副溶血性弧菌的检验，可以及时发现食品中存在的安全隐患，采取相应的防控措施，保障公众的饮食安全。此外，副溶血性弧菌的检出还可以为食品生产企业的质量管理和食品安全控制提供参考依据，促进食品行业的健康发展。

三、副溶血性弧菌检验的质量控制

在检验过程中，每批样品增菌液、分离平板等都需要做空白对照。如果空白对照平板上出现副溶血性弧菌可疑菌落时，应废弃本次试验结果，并对增菌液、吸管、平皿、培养基、试验环境等进行污染来源分析。检测副溶血性弧菌的样品，在收集后应立即被冷却，然后尽快检验。检验前建议将样品直接放置在冰上，避免副溶血性弧菌的复苏。样品存放的时候，不同样品间要进行有效隔离，防止不同样品上流出的液体混杂，造成样品间的交叉污染。取样时样品应避免体表取样，以防止通过带菌的样品表面造成案板、刀等器具污染，进而引起交叉污染。副溶血性弧菌不发酵蔗糖，不会使培养基 pH 值降低，因而，在 TCBS 平板上为绿色或蓝绿色菌落。创伤弧菌和拟态弧菌都不发酵蔗糖，因此，需要进一步确证试验进行鉴定，霍乱弧菌发酵蔗糖为黄色。检验时可使用可连接吸管的电动移液器，在使用过程中，一旦液体进入电动移液器滤膜，应立即对滤膜进行更换，防止产生交叉污染。

能力进阶

依据1+X粮农食品安全评价职业技能等级证书中微生物检测安全评价的技能要求，副溶血性弧菌检验应巩固以下问题：

知识题：1. 副溶血性弧菌检验的卫生学意义是什么？

2. 如何对副溶血性弧菌进行初步鉴定？

3. 副溶血性弧菌在TCBS平板的典型菌落特征是什么？

4. 如何保存副溶血性弧菌菌株？

技能题：设计试验方案，完成虾酱中副溶血性弧菌的检验。

任务八　沙门氏菌的快速检验

任务描述

某水产品出口企业对生产的虾类产品进行微生物指标检验，作为检验人员，应用PCR-试纸条法完成样品中沙门氏菌的快速检验。

任务目标

1. 了解微生物快速检验的意义和常用方法。
2. 能够根据微生物指标选择合适的快速检验方法进行检验。
3. 培养学生具备适应现代食品检测技术信息化、快速化的学习能力和可持续发展能力。

任务准备

1. 知识准备：微生物的计数方法及原理相关知识。

2. 标准准备：《出口食品中食源性致病菌快速检测方法 PCR-试纸条法 第1部分：沙门氏菌》(SN/T 5439.1—2022)。

3. 材料准备：微生物实验室常规灭菌及培养设备、均质器、恒温培养箱[(36±1)℃，(42±1)℃]、离心机(离心力≥12 000 g)、微量移液器(100～1 000 μL、20～200 μL、0.5～10 μL)、PCR仪、恒温水浴锅(100 ℃±1 ℃)、天平(感量0.01 g)、pH计、核酸蛋白分析仪或紫外分光光度计等。

4. 培养基和试剂准备：缓冲蛋白胨水(BPW)、四硫磺酸钠煌绿(TTB)增菌液、亚硒酸盐胱氨酸(SC)增菌液、DNA提取液、2×PCR预混液、PCR引物、试纸条、展开液。

序号	培养基或试剂	要求
1	缓冲蛋白胨水(BPW)	蛋白胨10.0 g、氯化钠5.0 g、磷酸氢二钠(含12个结晶水)9.0 g、磷酸二氢钾1.5 g、蒸馏水1 L； 将上述成分加入蒸馏水中，搅混均匀，静置约10 min，煮沸溶解，调节pH值至7.2±0.2，高压灭菌121 ℃，15 min

续表

序号	培养基或试剂	要求
2	四硫磺酸钠煌绿(TTB)增菌液	1. 基础液：蛋白胨 10.0 g、牛肉膏 5.0 g、氯化钠 3.0 g、碳酸钙 45.0 g、蒸馏水 1 L；除碳酸钙外，将各成分加入蒸馏水中，煮沸溶解，再加入碳酸钙，调节 pH 值至 7.0±0.2，高压灭菌 121 ℃，15 min。 2. 硫代硫酸钠溶液：硫代硫酸钠(含 5 个结晶水)50.0 g 溶于 100 mL 蒸馏水中，121 ℃高压灭菌 20 min。 3. 碘溶液：将碘化钾 25.0 g 充分溶解于少量的蒸馏水中，再投入碘片 20.0 g，振摇玻瓶至碘片全部溶解为止，然后加蒸馏水至 100 mL，贮存于棕色瓶内，塞紧瓶盖备用。 4. 0.5%煌绿水溶液：煌绿 0.5 g 溶于 100 mL 蒸馏水中，溶解后，存放于暗处，不少于 1 d，使其自然灭菌。 5. 牛胆盐溶液：牛胆盐 10.0 g 溶于 100 mL 蒸馏水中，加热煮沸至完全溶解，121 ℃高压灭菌 20 min。 6. 取基础液 900 mL、硫代硫酸钠溶液 100 mL、碘溶液 20.0 mL、煌绿水溶液 2.0 mL、牛胆盐溶液 50.0 mL，临用前，按上列顺序以无菌操作依次加入基础液中，每加入一种成分，均应摇匀后再加入另一种成分
3	亚硒酸盐胱氨酸(SC)增菌液	蛋白胨 5.0 g、乳糖 4.0 g、磷酸氢二钠 10.0 g、亚硒酸氢钠 4.0 g、L-胱氨酸 0.01 g、蒸馏水 1 L； 除亚硒酸氢钠和 L-胱氨酸外，将上述成分加入蒸馏水，煮沸溶解，冷至 55 ℃以下，以无菌操作加入亚硒酸氢钠和 1 g/L L—胱氨酸溶液 10 mL(称取 0.1 g L—胱氨酸，加 1 mol/L 氢氧化钠溶液 15 mL，使溶解，再加无菌蒸馏水至 100 mL 即成，如为 DL—胱氨酸，用量应加倍)。摇匀，调节 pH 值至 7.0±0.2
4	DNA 提取液	20 mmoL/L Tris-HCl、2 mmol/L EDTA、1.2% TritonX-100(pH 8.0)
5	2×PCR 预混液	—
6	PCR 引物	—
7	试纸条	通过采购的原料试剂自行组装或采用等效的商品化试纸条
8	展开液	10 mmol/L Tris、1% BSA、1%(体积分数)Tween20 以及浓度为 0.05 mol/L NaOH，或采用等效的商品化产品

任务实施

《出口食品中食源性致病菌快速检测方法 PCR-试纸条法 第 1 部分：沙门氏菌》(SN/T 5439.1—2022)适用于出口食品中沙门氏菌的定性检测。PCR-试纸条法的快速检测原理是对样品中沙门氏菌进行增菌培养后提取 DNA，采用上游和下游引物分别经地高辛和异硫氰酸盐标记的沙门氏菌的特异性检测引物进行 PCR 扩增。检测用试纸条上含有金标记的抗异硫氰酸盐的抗体，可与 PCR 产物上的异硫氰酸盐标记分子结合，在检测线位置上有抗地高辛抗体，可与 PCR 产物上的地高辛标记分子结合，从而显色。

序号	实施步骤	实施内容	操作要点
1	预增菌	无菌操作称取 25 g(mL)样品，置于盛有 225 mL BPW 的无菌均质杯或合适容器内，以 8 000～10 000 r/min 均质 1～2 min，或置于盛有 225 mL BPW 的无菌均质袋中，用拍击式均质器拍打 1～2 min。若样品为液态，不需要均质，振荡混合均匀。如需要调整 pH 值，用 1 mol/L 无菌 NaOH 或 HCl 调整 pH 值至 6.8±0.2。无菌操作将样品转至 500 mL 锥形瓶或其他合适容器内，如使用均质袋，可直接进行培养，于(36±1)℃培养 8～18 h	1. 如均质杯本身具有无孔盖，可不转移样品。 2. 样品如为冷冻产品，应在 45 ℃以下不超过 15 min，或 2～5 ℃不超过 18 h 解冻
2	增菌	轻轻摇动培养过的样品混合物，移取 1 mL，转种于 10 mL 四硫磺酸钠煌绿(TTB)增菌液内，于(42±1)℃培养 18～24 h。同时，另取 1 mL，转种于 10 mL 亚硒酸盐胱氨酸(SC)增菌液内，于(36±1) ℃培养 18～24 h	转种时严格无菌操作
3	增菌液模板 DNA 的制备	1. 吸取 1 mL 菌液加入 1.5 mL 离心管中，12 000 g 离心 3 min，弃上清液。 2. 加入 1 mL 0.85%无菌生理盐水，完全溶解沉淀，12 000 g 离心 3 min，弃上清液。 3. 加入 100 μL DNA 提取液混匀后沸水浴 10 min，置冰上冷却。 4. 12 000 g 离心 2 min，上清液即为模板 DNA。 5. 可以采用等效的商品化核酸提取试剂盒并按其说明提取核酸	微量离心管在打开前应先做瞬时离心，将管壁及管盖上的液体甩至管底部，从而减少污染手套和加样器的机会。 2. 开管动作要轻，防止管内液体溅出或形成气溶胶，造成污染
4	可疑菌落模板 DNA 的制备	对于增菌培养分离到的可疑菌落，可直接挑取可疑菌落加入 100 μL DNA 提取液，混合均匀后沸水浴 10 min，置冰上冷却。12 000 g 离心 2 min，取上清液以待检测。也可以采用等效的商品化核酸提取试剂盒并按其说明提取核酸	吸样要慢，尽量一次完成，切忌多次抽吸，以免产生交叉污染
5	DNA 浓度和纯度的测定	取 5 μL DNA 溶液加双蒸水稀释至 1 mL，使用核酸蛋白分析仪或紫外分光光度计分别检测 260 nm 和 280 nm 处的吸光值 A_{260} 和 A_{280}。按公式计算 DNA 浓度： $c=A\times N\times 50/1\ 000$ 式中　c——DNA 浓度，单位为 ng/μL； A——260 nm 处的吸光值； N——核酸稀释倍数。 当 A_{260}/A_{280} 比值为 1.7～1.9 时，适宜于 PCR 扩增	严格按操作规程使用核酸蛋白分析仪或紫外分光光度计
6	PCR 反应体系	PCR 反应体系总体积 30 μL，包括 2×PCR 预混液 15 μL、上游引物(10 μmol/L)1 μL、下游引物(10 μmol/L)1 μL、DNA 模板 10 μL、无菌水 3 μL	DNA 模板的浓度限定为 10 pg/μL～10 ng/μL
7	PCR 反应条件	95 ℃预变性 5 min；95 ℃变性 30 s，60 ℃退火 30 s，72 ℃延伸 1 min，35 个循环后进入 72 ℃，7 min；4 ℃保存	检测过程中分别设阳性对照、阴性对照和空白对照。用沙门氏菌 DNA 模板做阳性对照，用非沙门氏菌 DNA 模板做阴性对照，用等体积的无菌水代替模板 DNA 做空白对照

续表

序号	实施步骤	实施内容	操作要点
8	试纸条检测	取 6 μL PCR 产物，加入 54 μL 上样稀释液，混匀后垂直缓慢滴加于试条样品垫中，3 min 观察结果	产物和稀释液混合均匀后再滴加
9	结果判定	1. 试纸条质控线变红色，且检测线变红色，PCR 扩增产物为可疑阳性。可疑阳性产物经测序进行确证。测序结果正确者，继续按照传统方法进行分离，若确证分离到该菌，判为含沙门氏菌，表述为检出沙门氏菌。 2. 试纸条质控线变红色，检测线不变色，PCR 扩增产物为阴性，判为不含有沙门氏菌，表述为未检出沙门氏菌	以下条件有一条不满足时，实验视为无效： 1. 空白对照：质控线变红，检测线未变红； 2. 阴性对照：质控线变红，检测线未变红； 3. 阳性对照：质控线变红，检测线变红
10	清理实验台	试验完毕，清洗试验用品，清理实验台，将试剂送回存放处	检测过程中的废弃物，收集后在焚烧炉中焚烧处理

安全贴士

1. 吸加 PCR 试剂和模板的操作应严格按照要求进行，以免产生交叉污染或气溶胶污染。

2. 试验过程中应勤换手套，在进出不同区域或进行模板操作后，都应及时更换手套。

3. 所有吸头、反应管等应一次性使用，使用前都应经过高压处理，条件允许的话，最好使用带滤器的枪头。各工作区内的移液器要有标识，应固定使用用途，不能交叉使用。

实施报告

沙门氏菌的快速检验实施报告

检验项目		检验日期	
检验样品		检验依据	
操作要点：			
遇到问题及解决方法：			

续表

检验结果	
产品国家标准要求	
结论	
检验员： 复核人：	日期： 日期：

任务评价

内容	评分标准	分值	得分
试验准备	工作服穿戴整齐	2	
	试验试剂耗材准备齐全	3	
前增菌	准确进行样品处理，振荡混匀，培养条件设置准确	7	
增菌	转种操作规范，增菌条件设置准确，正确进行增菌培养	7	
增菌液模板 DNA 的制备	移取溶液体积准确，正确使用离心机，离心上清液取舍准确	10	
可疑菌落模板 DNA 的制备	能够区分沙门氏菌可疑菌落，按操作准确制备模板 DNA	10	
DNA 浓度和纯度的测定	规范使用核酸蛋白分析仪或紫外分光光度计，能够准确测定出 DNA 的吸光度并计算出浓度	10	
PCR 反应体系	反应体系各溶液添加准确	7	
PCR 反应条件	反应条件设置准确，各项对照设置准确	6	
试纸条检测	正确区分试纸条显示结果	5	
结果判定	根据显示结果，结合测序结果及传统分离培养，准确判定检验结果并报告	8	
实施报告	报告填写认真、字迹清晰	3	
	各项目填写准确	7	
清洁整理	检测过程中的废弃物，收集后在焚烧炉中焚烧处理，清洁并整理实验台	5	
综合素养	具备适应现代食品检测技术信息化、快速化的学习能力和可持续发展能力	10	
得分合计			

知识链接 微生物快速检验方法

仿真：沙门氏菌的检验

一、沙门氏菌概述

沙门氏菌属是一大群寄生于人类和动物肠道内，生化反应和抗原构造相似的革兰阴性杆菌，无芽孢，一般无荚膜。除鸡白痢和鸡伤寒沙门氏菌外，都具有周身鞭毛，能运动。对营养要求不高，在普通培养基上能生长良好。培养 24 h 后，形成中等大小、圆形或近似圆形、表面光滑、无色半透明、边缘整齐的菌落。它能发酵葡萄糖、麦芽糖、甘露醇、山梨酸，产酸产气，不发酵乳糖、蔗糖、侧金盏花醇，不产生吲哚，V-P 阴性。不水解尿素，对苯丙氨酸不脱氨。沙门氏菌对热和化学消毒剂敏感，在 55 ℃下 1 h 或 60 ℃下 10～30 min 即可被杀灭。

沙门氏菌在自然界中广泛存在，可能存在于哺乳类、鸟类、爬行类和两栖类动物中，也可能存在于昆虫中。它可以通过直接或间接接触污染食物，从而感染人类及其他动物。沙门氏菌主要污染肉类食品，鱼、禽、奶、蛋类食品也可受此菌污染。沙门氏菌食物中毒全年都可发生，吃了未煮透的病死牲畜肉或在屠宰后其他环节污染的牲畜肉是引起沙门氏菌食物中毒的最主要原因。中毒时可导致胃肠炎、伤寒和副伤寒。症状通常包括呕吐、腹痛、水样腹泻，严重者会出现发热、寒战和虚脱。免疫系统受损的人若感染沙门氏菌可能会引发更严重的疾病。因此，检查食品中的沙门氏菌极为重要。

二、常用的微生物快速检验方法

素养提升

请扫描二维码学习：探索创新——我国科学家研制出一种毒蘑菇的快速检测方法

随着我国社会经济的不断发展，人们对食品安全问题越来越重视，由食品微生物引发的安全问题也频繁出现，传统的微生物检测方法操作烦琐、费时费力，且食品微生物种类复杂多样，不同地区微生物的种类不同，更加大了检测的难度。所以，迫切需要快速高效的检测手段，以最大限度地提高食品检测质量。随着分子生物学和电子技术的快速发展，新技术、新方法不断涌现，微生物的检测趋势正向着快速化、自动化、标准化及全程追溯方向发展。

(一)微生物快速测试片技术

微生物快速测试片是一种带有培养基的滤纸片，可用于检测多种食品中的微生物。其测定原理是基于微生物生长所需的营养物质和环境条件，将它们固定在试纸上进行反应，通过观察颜色变化、测量光学密度、检测代谢产物等方式，判断微生物的生长情况、数量和类型，从而可以快速判断食品中是否含有特定种类的微生物。该技术的优点是操作简便、快速和经济，但可能存在一定的误差。

微生物快速测试片广泛应用于食品、环境、医疗等行业的微生物检测。在食品检测领域，测试片可以用于检测食品中的细菌、真菌、病毒等微生物，确保食品的安全性和质

量。在环境检测领域，测试片可以用于检测水、土壤、空气等环境样本中的微生物，评估环境的质量和安全性。在医疗领域，测试片可以用于检测病原体，帮助诊断和治疗疾病。此外，微生物快速测试片还广泛应用于工业发酵、生物工程、制药等领域。

(二)免疫检测技术

免疫检测技术利用抗原抗体的特异性结合反应来检测微生物。抗体是专门针对某种特定微生物的蛋白质，能够与之结合。通过检测抗体与微生物结合后的反应，可以判断食品中是否存在特定种类的微生物。该技术具有高特异性和灵敏度，但可能需要较长的检测时间。

免疫检测技术可以用于检测食品中的有害微生物、毒素和药物残留等，以确保食品的安全性。例如，酶联免疫吸附试验(ELISA)可以用于检测牛奶中的阪崎肠杆菌、黄曲霉素等有害物质，酶联免疫吸附试验也可以用于检测猪肉中的莱克多巴胺、盐酸克伦特罗等非法添加物。

(三)ATP 发光检测技术

ATP(三磷酸腺苷)是所有生物体的能量来源，每种活细胞中都含有大量的 ATP。ATP 发光检测技术通过检测样品中 ATP 的含量，可以快速判断食品中是否存在微生物。该技术的优点是灵敏度高、快速和经济，但可能受到样品中 ATP 浓度的影响。

ATP 发光检测技术可以用于检测食品中的细菌、真菌、病毒等微生物，以确保食品的安全性和质量。例如，在食品加工过程中，可以利用该技术检测生产设备、包装材料、食品加工用水等各个关键点的微生物污染情况，从而及时发现和控制食品污染源。ATP 发光检测技术可以用于检测水、土壤、空气等环境样本中的微生物，评估环境的安全性和质量。例如，在饮用水水源地的卫生监测中，可以利用该技术检测水体中的细菌、大肠杆菌等微生物含量，确保饮用水的卫生安全。

(四)分子生物学技术

分子生物学技术利用特定微生物的 DNA 或 RNA 序列设计引物，通过 PCR(聚合酶链式反应)等技术扩增这些序列，从而判断食品中是否存在特定种类的微生物。该技术具有高特异性和灵敏度，但可能需要较长的检测时间。

PCR 技术被广泛应用于细菌和病毒(如大肠杆菌、沙门氏菌、霍乱弧菌、结核分枝杆菌、流感病毒、新型冠状病毒等)的检测，能够快速准确地检测出病原微生物。PCR 技术也被应用于寄生虫的检测，如疟原虫、阿米巴原虫、弓形虫等。PCR 技术能够检测出低含量的寄生虫，提高了诊断的准确性和灵敏性。PCR 技术被广泛应用于食品和环境的微生物检测，以及检测环境中的细菌、病毒、寄生虫等。PCR 技术能够快速准确地检测出微生物，保障食品和环境的安全。

(五)生物传感器技术

生物传感器是一种利用生物分子识别和信号转换的传感器，能够将待测物质的浓度转化为可测量的电信号或光信号。在微生物检测中，生物传感器主要利用微生物体内特异性酶、抗原、DNA 等物质的识别元件，与待测物质发生反应，从而实现对微生物的快速、准确检测。生物传感器利用生物分子识别元件，具有很高的特异性，能够精确地检测出特定微生物的存在。生物传感器能够快速准确地检测出微生物的含量，避免了传统方法烦琐的操作和长时间的等待。生物传感器可以针对不同的微生物设计不同的识别元件，实现多种微生物的同时检测。但生物传感器中的生物分子识别元件容易受到外界环境如温度、湿度等的影响，导致稳定性较差，另外，成本也较高，限制了它的应用。

不同的微生物快速检测技术具有不同的优点和局限性。在实际应用中，需要根据具体需求选择合适的检测方法，以提高检测的准确性和效率。同时，还需要不断改进和创新检测技术，以更好地保障食品质量和安全。

能力进阶

依据 1+X 粮农食品安全评价职业技能等级证书中微生物检测安全评价的技能要求，微生物快速检验技术应巩固以下问题：

知识题：1. 查阅资料，常用的微生物快速检验方法有哪些？

2. 微生物快速检验方法的优点、缺点有哪些？

3. 简述我国在快速检测方面取得的成就。

技能题：设计试验方案，应用 3M 测试片对食品中的菌落总数进行快速检验。

微生物的检验考核评价

【考核任务】

参照《食品安全国家标准 食品微生物学检验 菌落总数测定》(GB 4789.2—2022)，完成质控样(模拟食品)中菌落总数的测定(全国职业院校技能大赛高职组“食品安全与质量检测”竞赛食品微生物检验技能考核项目之质控样(模拟食品)菌落总数测定试题)。

【考核要求】

1. 熟悉菌落总数的国家标准检测方法，规范试验操作。
2. 能够根据国家标准规定完成菌落总数测定并报告试验结果。
3. 具备食品安全监管知识、实践动手能力、计算能力和综合职业素养。

【考核实施】

1. 查阅资料，小组讨论并确定试验材料准备、试验流程和分工。

2. 确定检验所需的仪器及耗材并清点，完成准备工作并填写下表。

	试剂名称	试剂浓度	所需体积	试剂回收
试剂				
	仪器名称	仪器型号	数量	使用记录
仪器				
	试剂名称	规格	数量	备注
培养基				

3. 根据确定的试验流程进行实验。

4. 试验结果。

(1)菌落总数测定的检验程序；

(2)将试验数据填入检验报告。

样品名称		检测项目		检测日期	
检验依据					
检验程序					
实验数据					
国家标准要求					
结果报告					

实验数据：

稀释浓度				空白
1				
2				
计算结果				

计算过程：

续表

备注	
检验员： 复核人：	日期： 日期：

5. 试验整理　将所用试验物品灭菌后清洗，整理并归位，清洁实验台。

巩固练习

【考核评价】

一、知识评价

(一)单选题

1. 样品在分析之前需要进行处理的原因是(　　)。

A. 样品量太多，不易分析　　B. 使检测样品具有均匀性和代表性

C. 方便分析的进行　　D. 为获得准确的试验结果

2. 下列不属于固体样品处理方法的是(　　)。

A. 捣碎均质　　B. 剪碎均质　　C. 振荡混合均匀　　D. 研磨

3. 在测定菌落总数时，首先将样品制成(　　)倍递增稀释液。

A. 1∶5　　B. 1∶10　　C. 1∶15　　D. 1∶20

4. 菌落计数时，应选取菌落个数在(　　)的平板作为菌落总数测定的标准。

A. 小于 30 CFU　　B. 30～300 CFU

C. 大于 300 CFU　　D. 15～150 CFU

5. 大肠菌群 MPN 法选择的初发酵试验的培养基是(　　)。

A. 乳糖胆盐培养基　　B. LST 肉汤

C. BGLB 肉汤　　D. 伊红美蓝培养基

6. 霉菌测定所用的马铃薯葡萄糖琼脂培养基，制备时需要将(　　)加入溶化的培养基。

A. 土霉素　　B. 氯霉素　　C. 金霉素　　D. 四环素

7. (　　)适用于各类食品中酵母菌和霉菌的计数。

A. 直接镜检计数法　　B. 定性检验

C. MPN 计数法　　D. 平板计数法

8. 在金黄色葡萄球菌含量较高的食品中，金黄色葡萄球菌的计数应使用(　　)方法。
　A. 金黄色葡萄球菌的定性检验　　B. 金黄色葡萄球菌 MPN 计数
　C. 金黄色葡萄球菌平板计数　　D. 金黄色葡萄球菌显微计数

9. 金黄色葡萄球菌检验增菌培养时在7.5%氯化钠肉汤中呈(　　)生长。
　A. 沉淀　　B. 红色　　C. 清澈　　D. 浑浊

10. 副溶血性弧菌初步鉴定进行氧化酶试验结果为(　　)。
　A. 阳性　　B. 阴性　　C. 不反应　　D. 无变化

(二)判断题

1. 测定霉菌时，若样品10倍稀释度及100倍稀释液平板均无菌落生长，则应报告<10 CFU/mL。(　　)

2. 番茄酱罐头和番茄汁中的霉菌计数可以使用直接镜检计数法。(　　)

3. 革兰的假阴性结果可能是由于媒染时间过长引起的。(　　)

4. 一群能分解葡萄糖产生乳酸，需氧或兼性厌氧，过氧化氢酶阴性，革兰阳性的无芽孢杆菌为乳酸菌。(　　)

5. 测定饮料中乳酸菌数，培养条件是36 ℃±1 ℃培养48 h±2 h。(　　)

二、技能考核评分表

内容	评分标准	分值	得分
试验准备	工作服穿戴整齐	2	
	试验试剂耗材准备齐全	3	
超净工作台的灭菌	灭菌时间设置准确，灭菌效果良好	5	
样品处理	根据样品性状特点进行处理，准确制备出1∶10的样品匀液	8	
10倍系列稀释	稀释操作准确，每递增稀释1次，换用一次新的无菌吸管或吸头	10	
倒平板	稀释度选择合适，培养基温度适宜，平板完成倾注后，混合均匀，做空白对照	10	
培养	培养条件设置准确	5	
菌落计数	能正确判断菌落情况，选择适合计数的平板进行计数，计数准确	10	
结果计算	根据计数情况选择适宜的计算方法	10	
结果报告	结果修约与有效数字保留准确	10	
实施报告	报告填写认真、字迹清晰	5	
	各项目填写准确	7	
清洁整理	使用过的菌种进行灭菌后处理，清洁并整理实验台	5	
综合素养	具备食品安全监管知识、实践动手能力、计算能力和综合职业素养	10	
得分合计			

【知识梳理】

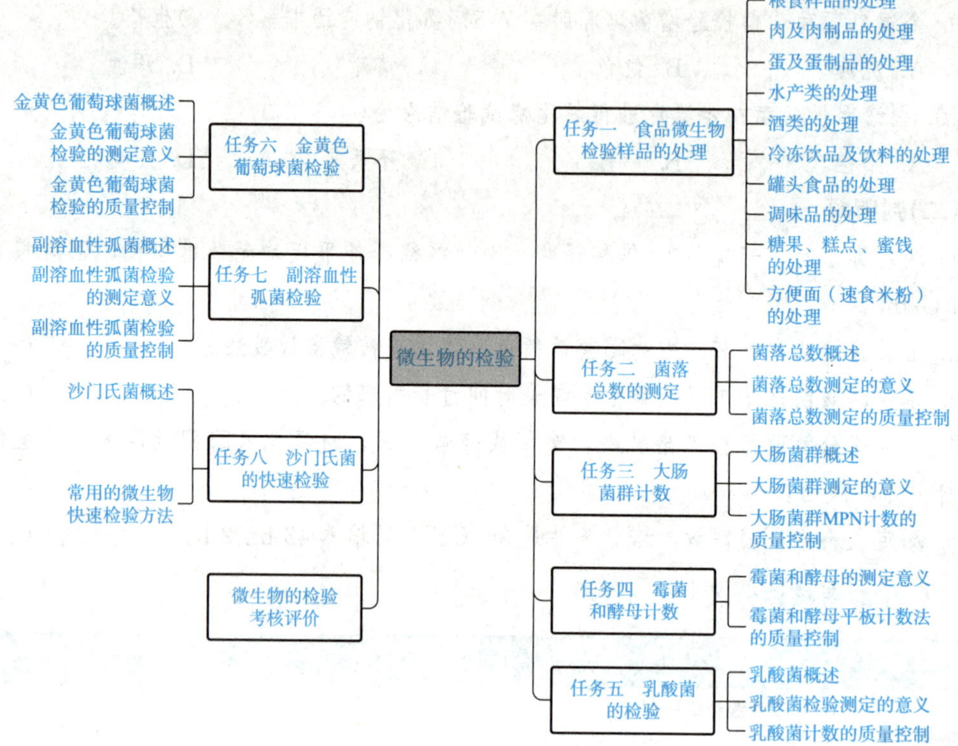
微生物的检验
任务一　食品微生物检验样品的处理
粮食样品的处理
肉及肉制品的处理
蛋及蛋制品的处理
水产类的处理
酒类的处理
冷冻饮品及饮料的处理
罐头食品的处理
调味品的处理
糖果、糕点、蜜饯的处理
方便面（速食米粉）的处理
任务二　菌落总数的测定
菌落总数概述
菌落总数测定的意义
菌落总数测定的质量控制
任务三　大肠菌群计数
大肠菌群概述
大肠菌群测定的意义
大肠菌群MPN计数的质量控制
任务四　霉菌和酵母计数
霉菌和酵母的测定意义
霉菌和酵母平板计数法的质量控制
任务五　乳酸菌的检验
乳酸菌概述
乳酸菌检验测定的意义
乳酸菌计数的质量控制
任务六　金黄色葡萄球菌检验
金黄色葡萄球菌概述
金黄色葡萄球菌检验的测定意义
金黄色葡萄球菌检验的质量控制
任务七　副溶血性弧菌检验
副溶血性弧菌概述
副溶血性弧菌检验的测定意义
副溶血性弧菌检验的质量控制
任务八　沙门氏菌的快速检验
沙门氏菌概述
常用的微生物快速检验方法
微生物的检验考核评价

参考文献

[1] 胡树凯．食品微生物学[M]．2版．北京：北京交通大学出版社，2016.

[2] 严晓玲，牛红云．食品微生物检测技术[M]．2版．北京：中国轻工业出版社，2023.

[3] 陈玮，叶素丹．食品微生物学及实验实训技术[M]．2版．北京：化学工业出版社，2017.

[4] 杨玉红，吕玉珍．食品微生物与实验实训[M]．大连：大连理工大学出版社，2011.

[5] 郑琳，郑培君．食品微生物检验技术[M]．北京：科学出版社，2021.

[6] 宁喜斌．食品微生物检验学[M]．北京：中国轻工业出版社，2019.

[7] 于军．微生物检验方法食品安全国家标准实操指南[M]．北京：中国医药科技出版社，2017.

[8] 万国福．微生物检验技术[M]．2版．北京：化学工业出版社，2023.

[9] 王瑞兰．食品微生物检验技术(含实训手册)[M]．北京：科学出版社，2020.

[10] 中华人民共和国国家卫生和计划生育委员会，中华人民共和国国家食品药品监督管理总局．GB 4789.1—2016 食品安全国家标准 食品微生物学检验 总则[S]．北京：中国标准出版社，2017.

[11] 中华人民共和国国家卫生健康委员会，中华人民共和国国家市场监督管理总局．GB 4789.2—2022 食品安全国家标准 食品微生物学检验 菌落总数测定[S]．北京：中国标准出版社，2022.

[12] 中华人民共和国国家卫生和计划生育委员会，中华人民共和国国家食品药品监督管理总局．GB 4789.3—2016 食品安全国家标准 食品微生物学检验 大肠菌群计数[S]．北京：中国标准出版社，2017.

[13] 中华人民共和国国家卫生和计划生育委员会，中华人民共和国国家食品药品监督管理总局．GB 4789.15—2016 食品安全国家标准 食品微生物学检验 霉菌和酵母计数[S]．北京：中国标准出版社，2017.

[14] 中华人民共和国国家卫生和计划生育委员会，中华人民共和国国家食品药品监督管理总局．GB 4789.36—2016 食品安全国家标准 食品微生物学检验 乳酸菌检验[S]．北京：中国标准出版社，2017.

［15］ 中华人民共和国国家卫生和计划生育委员会，中华人民共和国国家食品药品监督管理总局. GB 4789. 7—2013 食品安全国家标准 食品微生物学检验 副溶血性弧菌检验［S］. 北京：中国标准出版社，2014.

［16］ 中华人民共和国国家卫生和计划生育委员会，中华人民共和国国家食品药品监督管理总局. GB 4789. 10—2016 食品安全国家标准 食品微生物学检验 金黄色葡萄球菌检验［S］. 北京：中国标准出版社，2017.

［17］ 中华人民共和国国家卫生和计划生育委员会，中华人民共和国国家食品药品监督管理总局. GB 4789. 4—2016 食品安全国家标准 食品微生物学检验 沙门氏菌检验［S］. 北京：中国标准出版社，2017.

［18］ 中华人民共和国海关总署. SN/T 5439. 1—2022 出口食品中食源性致病菌快速检测方法 PCR-试纸条法 第 1 部分：沙门氏菌［S］. 北京：中国海关出版社有限公司，2022.